ALFRED STAHNKE · FUNKNAVIGATION AUF KLEINEN SCHIFFEN

ALFRED STAHNKE

Funknavigation auf kleinen Schiffen

6. überarbeitete Auflage

VERLAG KLASING & CO GMBH, BIELEFELD

Es werden in diesem Buch eine ganze Reihe moderner Geräte als Beispiele herangezogen und zum Teil sogar eingehend beschrieben. Solche Beschreibungen sollen nur der allgemeinen Information dienen und nicht etwa der Werbung für die Produkte irgendeiner Firma. Der Verfasser hat vor allem solche Geräte berücksichtigt, von denen er annimmt, daß sie längere Zeit auf dem Markt sind. Dennoch bleibt es nicht aus, daß das eine oder andere Gerät, obgleich heute noch hochmodern, morgen schon überholt ist.

ISBN 3-87412-063-5

Zeichnungen: Heino Peters, Alfred Stahnke
Einbandgestaltung: Siegfried Berning

Druck: Kunst- und Werbedruck, Bad Oeynhausen 2

Vorwort zur 1. Auflage

Wenn im Herbst die Boote aufgeslippt und in ihre Lager verbracht sind, wenn die lange, wind- und wellenlose Winterzeit vor uns liegt, dann heißt es Mittel und Wege finden, die diese Zeit überbrücken helfen.
Da sitzt man denn im Freundeskreis, in Clubhäusern und Verkehrslokalen, das Grogglas macht die Runde, und manches Garn wird gesponnen. Filme werden gezeigt und Dias von den letzten Reisen, und – Erfahrungen werden ausgetauscht.
Hier hat jemand ein neues Log ausprobiert, und dort hat ein anderer von neuen Motoren zu berichten, und schon ist die schönste Diskussion im Gange.
Kurz gesagt: So ist es auch zu diesem Buch gekommen. Es begann im kleinsten Kreise mit einer Diskussion über die „Funknavigation". Daraus wurde dann eine Vortragsreihe, und als schließlich die einschlägige Industrie Ausbildungsgeräte zur Verfügung gestellt hatte, waren wir plötzlich mitten in einem richtigen Lehrgang.
Bedingt durch die große Teilnehmerzahl und das außerordentlich rege Interesse der Beteiligten kam es häufig zu recht fruchtbaren Gesprächen, aus denen der Vortragende eine Menge gelernt hat. Wir Techniker verfallen leicht immer wieder in den gleichen Fehler, bei unseren Mitmenschen zu viel technisches Wissen vorauszusetzen und Erklärungen abzugeben, die nicht verstanden werden.
Die uns vertraute terrestrische und astronomische Navigation (die im übrigen durch die Funknavigation keinesfalls außer Kurs gesetzt oder entwertet werden soll) arbeitet mit sichtbaren und greifbaren Dingen. Die Funknavigation aber bedient sich der hochfrequenten elektromagnetischen Welle, die als Rundfunk und Fernsehen zwar begrifflich bekannt, von deren Wesen aber den meisten recht wenig geläufig ist. Der Umgang mit modernen Rundfunk- und Fernsehapparaten, der bis auf das äußerste bequem gemacht wurde, ist auch nicht geeignet, uns dieses Medium näherzubringen. Zum Verständnis der Funknavigation und des Betriebes von Seefunkstellen ist ein wenig mehr Wissen un-

umgänglich notwendig. Um auch dem nicht Vorgebildeten das Verständnis dieser recht komplizierten Vorgänge zu ermöglichen, hieß es also, die Erläuterungen und Darstellungen elektrischer und elektronischer Vorgänge soweit wie möglich zu vereinfachen. Es hieß rezeptartige Erläuterungen zu finden, die man nicht nur zum Lernen benutzen soll, sondern auch auf See zum „rasch mal nachschlagen" verwenden kann.
Nutzen wir also die Winterzeit, vertiefen wir unsere Kenntnisse zu unserer Sicherheit, zur Erhöhung der Sicherheit auf See.

Berlin-Spandau, im Herbst 1964

Alfred Stahnke

Vorwort zur 5. Auflage

Als dieses Buch 1964 zum erstenmal erschien, war auch nicht annähernd voraussehbar, welch stürmische Entwicklung die Seefahrt mit Sportbooten in den folgenden Jahren nehmen würde. Die Küsten der westeuropäischen Länder wimmeln von Yachthäfen, und einen Liegeplatz zu bekommen, stößt häufig schon auf einst ungeahnte Schwierigkeiten. Weltumseglungen werden heute als nahezu selbstverständlich kaum noch zur Kenntnis genommen, Umrundungen von Kap Hoorn, Reisen nach Spitzbergen oder Grönland mit kleinsten Booten sind keineswegs mehr sensationell, und oft scheint die Grenze zwischen Wassersport und Hasard kaum noch erkenntlich.
Dabei konnte etwas anderes nicht ausbleiben: Schneller noch als die Wasserwelle schwoll die Anzahl schwerer und schwerster Unfälle auf See. Viele dieser Unfälle müssen als unmittelbare Folge von ungenügender Ausrüstung, Mangel an Erfahrung und Fehlen einer ausreichenden Schulung und Ausbildung betrachtet werden. Wer sich einmal die Zahlen der Einsätze der Deutschen Gesellschaft zur Rettung Schiff-

brüchiger ansieht, die in den letzten Jahren allein zur Rettung von Wassersportlern gefahren wurden, der muß erschrecken.
Die Funknavigation ist nur ein Teilbereich dessen, was ein ernsthafter Sportschiffer benötigt, um sein Schiff korrekt führen zu können. Aber sie ist, auch in ihren bescheidensten Formen, ein wichtiger Bereich.
Daher soll dieses kleine Buch nach wie vor Anstöße dazu geben, sich über die Materie der Funknavigation zu informieren, Wesentliches für den jeweiligen Eigenbedarf zu erlernen und die Verbesserung der Ausrüstung zu überdenken. Es soll Kenntnisse vermitteln, die die Zahl der Unfälle verringern helfen, und es soll vor allem zur Sicherheit auf See beitragen.
Danken möchte ich an dieser Stelle allen, die zum Gelingen dieses Buches beigetragen haben: den Damen und Herren der deutschen Küstenfunkstellen sowie des Fernmeldeamtes 6 Hamburg (ex Funkamt), und hier besonders Herrn Rolf Westendorf, der so manche Hilfestellung gab, wie auch Herrn Beier vom Fernmeldetechnischen Zentralamt in Darmstadt. Ganz besonders aber danke ich meiner Frau Angelika, die nicht nur an der Schreibmaschine saß, sondern auch bei vielen Versuchen assistierte.

Berlin-Spandau, im Dezember 1978

Alfred Stahnke

Vorwort zur 6. Auflage

Vieles Neue hat sich, sowohl technisch als auch im Vorschriftenwesen, im Herbst und Winter 1979/80 ergeben. So muß man es sehr begrüßen, daß die 5. Auflage sehr schnell vergriffen war. Hier gilt es intensiv zu informieren, weil der Markt, besonders der graue, von Angeboten wimmelt, die meist nicht ganz seriös sind.
Es gilt auch noch einmal den Blick auf jenes spektakuläre Unglück bei der Fastnet-Regatta 1979 zu lenken, das so viele Menschenleben ge-

kostet hat und von dem heute kaum noch jemand spricht: Es darf nicht vergessen werden, damit es sich nicht wiederholt. Dies aber bedeutet, daß aus diesem Unglück eine Reihe von Lehren gezogen werden, auch in bezug auf die technische, besonders die nachrichtentechnische Ausrüstung von Yachten, die solche Reisen unternehmen. Es gibt schon ausgezeichnete Wetterkartenschreiber für Bordzwecke, die dem Eigner gestatten, sich fortlaufend ein Bild von der jeweiligen Wetterlage an praktisch jedem Ort der Welt zu machen.
Auch die Tatsache, daß es inzwischen Möglichkeiten einer ganz brauchbaren Peilung von UKW-Telephonieanlagen gibt, muß dargestellt werden, denn damit wird der Sicherheitswert der UKW-Ausrüstung noch erheblich ansteigen. Immerhin gibt es inzwischen auf deutschen Sportschiffen etwa 8000* UKW-Telephonieanlagen (weit mehr als in der Berufsschiffahrt). Und es ist noch ein weiterer Anstieg zu erwarten.
Ein großer Anstieg, wenn auch nicht so enorm wie im UKW-Seefunk, ist beim Radar zu erwarten. Kein Wunder. Schließlich gibt es ja, besonders bei unsichtigem Wetter, kein Nahbereichsnavigationsmittel von so hoher Güte. Hier aber herrscht in Sportschifferkreisen noch viel Unkenntnis. Schwerpunkt der Neubearbeitung aber ist die Darstellung der Einseitenbandtechnik, wie sie nun beinahe unmittelbar und unabdingbar bevorsteht. Nur recht wenige Empfänger finden bisher Gnade vor der (berechtigterweise) scharf prüfenden Bundespost. Das FTZ (Fernmeldetechnisches Zentralamt) in Darmstadt hat Ende 1979 auch für Empfänger „mit begrenztem Anwendungsbereich“ sehr knapp gefaßte Prüfbestimmungen erlassen, die so manchen Hersteller erschreckt haben und nach denen so einige „Einseitenbandempfänger“ nur noch sehr bedingte Einseitenbandempfänger sind. Dabei konnte es nicht ausbleiben, daß auch einige allzu moderne Begriffe unter die Lupe genommen werden mußten: Wenn heute an einem Gerät das Wort digital steht, dann ist es schon verkauft. Digitale „Displays“ sind aber oft unerwünschte Stromfresser, und wer mag das schon.
Kurzum, viel Neues um den bewährten alten Kern. Denn der olle ehrliche Peiler behält nach wie vor seinen Wert.

Berlin-Spandau, im März 1980

Alfred Stahnke

** Stand April 1980*

Hinweis

Auf den folgenden Seiten werden mehrfach Zahlenwerte und Darstellungen aus offiziellen Veröffentlichungen des Deutschen Hydrographischen Instituts und der Deutschen Bundespost herangezogen, wie zum Beispiel aus dem „Nautischen Funkdienst“ (Band I bis III), dem „Sprechfunk für Küstenschiffahrt“, dem „Jachtfunkdienst“ und dem „Handbuch für den Dienst bei Seefunkstellen“. Diese Angaben dienen nur der Information und dürfen allenfalls für Übungszwecke, nicht jedoch für die praktische Navigation verwendet werden.
Außer dem „Jachtfunkdienst“, der jährlich neu herausgegeben wird, werden der „Nautische Funkdienst“ und der „Sprechfunk für Küstenschiffahrt“ durch monatlich erscheinende Nachträge auf dem laufenden gehalten. Diese Nachträge werden im Abonnement geliefert und berechnet. Im Gegensatz dazu erhält man die Berichtigungen zum „Handbuch für den Dienst bei Seefunkstellen“ kostenlos, wenn auch in viel zu großen Abständen und mit außerordentlicher Verspätung. Wichtig ist, daß man die Nachträge sofort in die jeweiligen Bücher einarbeitet.
Dem Yachtskipper empfiehlt sich auch der Bezug der „Nachrichten für Seefahrer“ (NfS). Sie hängen zwar in allen deutschen Häfen aus, wer aber die in den NfS bekanntgegebenen Änderungen in seine Seekarten übertragen will (und das kann man ja auch im Winter tun und damit viel Geld sparen), der hat die Hefte besser auf dem Tisch.
Die Ergänzungen zu den Hafenhandbüchern der Kreuzer-Abteilung des Deutschen Segler-Verbandes werden in den „Nautischen Nachrichten für Fahrtensegler“ veröffentlicht, deren Bezug für Mitglieder der Kreuzer-Abteilung kostenlos ist.
Zum „Handbuch für den Dienst bei Seefunkstellen“ gibt es die „Mitteilungen für Seefunkstellen“ (MfS), die dem Inhaber einer Genehmigungsurkunde, also dem Besitzer einer genehmigten Seefunkstelle, kostenlos zugesandt werden. Wer nicht bezugsberechtigt ist, sollte diese wichtigen Mitteilungen abonnieren, vor allem Inhaber von Seefunkzeugnissen, oder aber die Zeitschrift „Der Seefunker“ (Verlag und Redaktion 1000 Berlin 20, Alt-Pichelsdorf 21). In dieser Zeitschrift werden mit Genehmigung der Deutschen Bundespost die für den Yachtskipper wesentlichen Dinge aus den MfS nachgedruckt und soweit erforderlich auch interpretiert.

Inhaltsverzeichnis

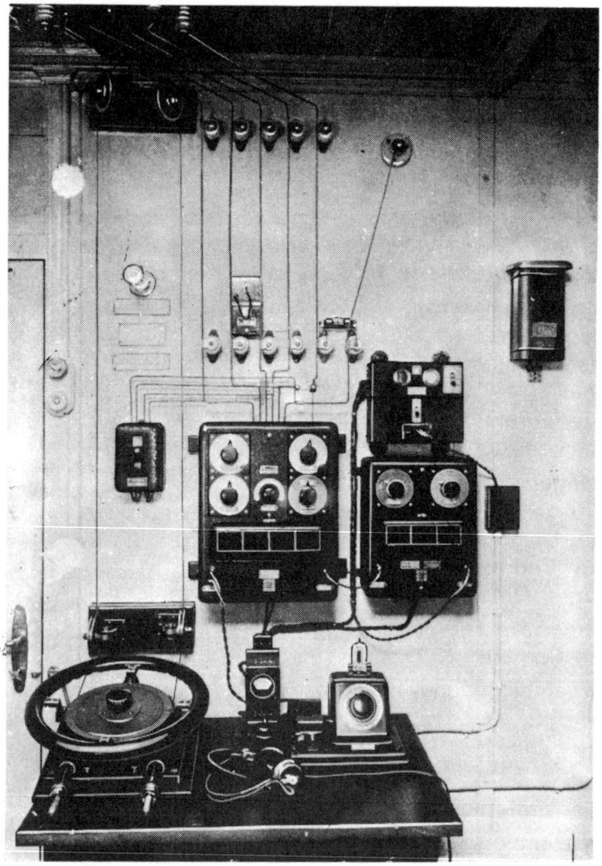

Funkraum des Dampfers »Stuttgart«

50 Jahre Funknavigation

In der „Telefunkenzeitung“ Nummer 40/41 vom Oktober 1925 erschien ein Bericht vom Kapitän des Dampfers »Stuttgart«, geschrieben am 27. Juni 1925. Dort heißt es:
„Das Peilgerät arbeitete während der ganzen Reise einwandfrei. Bei der Ansteuerung von New York in dichtem Nebel leistete es wieder vorzügliche Dienste. Die erste Funkpeilung von Nantucket Feuerschiff wurde auf eine Entfernung von 210 sm genommen. Obwohl das Minimum verhältnismäßig breit war (± 10°), war die Peilung nach späterer Feststellung richtig gewesen ...“
Es folgen noch einige weitere Erläuterungen, unter anderem die Feststellung, daß das Feuerschiff auf eine Entfernung von etwa 1 bis 2 sm aufgrund einer Kreuzfunkpeilung in dichtem Nebel passiert wurde, ohne gesichtet zu werden.
„Als es am anderen Morgen aufklarte“, so heißt es weiter, „wurde festgestellt, daß der wahre Schiffsort mit der Funkpeilung übereinstimmte.“
Die »Stuttgart« war eines der ersten Schiffe, die von der Debeg mit dem Telefunken-Bordfunkpeiler E 326 ausgerüstet wurden. Dieses Gerät war das erste Seefunkpeilgerät, und mit ihm begann das Zeitalter der Funknavigation.

Funknavigation heute

Seit den Zeiten des Dampfers »Stuttgart« hat sich natürlich viel geändert, und das Wort Funknavigation ist zu einem weitumfassenden Begriff geworden. Und doch . . . jenes auf der »Stuttgart« vor 50 Jahren geübte Verfahren der „Minimumpeilung" ist besonders auf kleinen Schiffen auch noch heute gebräuchlich.
Es würde den Rahmen dieses Buches sprengen, wollte man die verschiedenen Verfahren schildern, die seit jener Zeit entwickelt wurden. Wir müssen uns hier darauf beschränken, die Dinge darzustellen, die für die Yachtschiffahrt heute zugelassen, brauchbar und erschwinglich sind.
Es muß noch angemerkt werden, daß das vorliegende Buch kein Lehrbuch für terrestrische Navigation ist. Kenntnisse in der terrestrischen Standortbestimmung sowie in der Handhabung der dazu notwendigen Geräte wie Karte, Zirkel, Kursdreieck und Peilscheibe werden als bekannt vorausgesetzt.*
Im Gegensatz zur terrestrischen Navigation, bei der optisch erkennbare Objekte auf der Erde zur Standortbestimmung herangezogen werden, und zur astronomischen Navigation, bei der dazu die Gestirne dienen, ist die Funknavigation ein Verfahren, das sich der Messung und Darstellung von künstlich erzeugten hochfrequenten Schwingungen, kurz gesagt: der Hochfrequenz, bedient.
Die Verfahren der Funknavigation sind vielfältig. Die wichtigsten sollen, besonders im Hinblick auf die Sportschiffahrt, in der Folge dargestellt werden.
Der außerordentliche Vorteil dieses Navigationsmittels liegt in seiner Unabhängigkeit von Sichtverhältnissen und in seiner Reichweite. Die elektromagnetische Welle kann man bei Nacht ebensogut empfangen wie bei Nebel, und die Abstände von den zu peilenden (zu empfangen-

* *Wer diese Kenntnisse noch nicht besitzt, dem sei die Lektüre des Buches „Navigation leicht gemacht" von Walter Stein empfohlen (erschienen in der Kleinen Yacht-Bücherei, Verlag Klasing & Co GmbH, Bielefeld).*

den) Objekten (Sendern) können meist weit über die optische Sichtweite, wie sie in der terrestrischen Navigation bekannt ist, hinausgehen. Hier sind in den letzten Jahren großartige Erfolge erzielt worden.

Von jener ersten drehbaren Holzrahmenantenne (auf dem Bild vom Funkraum des Dampfers »Stuttgart« auf Seite 12 ist leider nur die Bedienanlage mit dem großen Handrad zu sehen, mit dem dieser Drehrahmen bewegt wurde) über Goniometerpeiler, Sichtfunkpeiler, Decca, Loran, Omega und Satellitennavigatoren bis zu der unmittelbar bevorstehenden Einführung der Synchronsatelliten ist es ein weiter Weg, aber – und das sei hier einmal in aller Deutlichkeit gesagt – es gibt bis heute – und daran wird sich wohl nichts ändern – kein Funknavigationsverfahren, das nicht mit irgendwelchen Fehlermöglichkeiten behaftet wäre. Ausfall der Stromzufuhr an Bord über längere Zeit, Ausfall eines Senders an Land, ja auch Ausfall der Sendeanlagen eines Satelliten können zu erheblichen Anzeigefehlern oder zum Totalausfall eines bestimmten Systems führen. So gehört es denn auch zu den Aufgaben der großen Küstenfunkstellen, etwa Decca-Warnnachrichten zu verbreiten, wenn sich in einem der Überdeckungsgebiete von Decca-Bereichen Störungen gezeigt haben.

Das bedeutet also, daß für Sportschiffer und Berufsschiffer gleichermaßen nach wie vor die alte Lehrmeinung gilt, daß man sich nie auf *eine* Navigationsart allein verlassen soll. Jeder Skipper tut gut daran, navigatorische Ergebnisse möglichst durch andere Verfahren abzusichern und die auf dem einen Wege gewonnenen Resultate durch eine *zweite* Navigationsart zu untermauern.

Es würde doch wohl auch keinen Spaß machen, wenn auf Knöpfchendruck ein Automat mit absoluter Zuverlässigkeit den jeweiligen Standort auf der Seekarte eintragen würde. Denn auch die Navigation ist ein Teil unseres Sports; ja, es gibt viele Sportschiffer, die der Navigation – auch der Funknavigation – so viel abgewinnen können, daß sie diese Tätigkeit fast als Selbstzweck betrachten.

Wer einmal mehrere Tage ohne Landsicht war und dann, trotz Gezeiten und anderer Strömungen, trotz Abdrift, so sorgfältig navigiert hat, daß er dort seinen Landfall bekommt, wo es vorgesehen war, der hat noch immer das, was man im heutigen Sprachgebrauch ein Erfolgserlebnis nennt.

Begriffe wie *elektromagnetische Welle* oder *Hochfrequenz* mögen manchem etwas schwierig und fremd vorkommen, indes: Wir sind in unserem täglichen Leben zu jeder Zeit von elektromagnetischen Wellen der verschiedensten Art umgeben: Rundfunk und Fernsehen, aber auch der in jüngster Zeit so „beliebt" gewordene CB-Funk arbeiten mit der Hochfrequenz. Und neuerdings ist sie sogar in die Küche eingedrungen: Die in rasantem Vormarsch befindlichen Mikrowellenherde sind Sender, und sie basieren auf der Erzeugung hochfrequenter Wellen.

Es gibt jedoch noch zwei Arten elektromagnetischer Wellen, die uns ständig umgeben und umfluten, ohne daß wir uns dessen bewußt sind, und für die unser Körper Empfangsorgane besitzt: das sichtbare Licht und die Wärmestrahlung.

Das sichtbare Licht nehmen wir mit den Augen wahr, die Wärmestrahlung spüren wir auf der Haut. Wenn man also in der Nacht eine Lampe sieht und die Richtung vom eigenen Standpunkt zu dieser Lampe hin in irgendeiner Weise beschreibt oder definiert, so ist dies letztlich auch eine Funkpeilung, denn das Wort peilen bedeutet die Ermittlung der Lage eines anderen Objektes vom eigenen Standpunkt aus, und das Wort Funk bedeutet, daß man sich dazu der elektromagnetischen Wellen bedient. Und wie schon gesagt: Licht ist eine elektromagnetische Welle.

In der Praxis meint man mit dem Begriff Funk etwas anderes: Man meint die Technik der drahtlosen Übermittlung von Signalen (hör- oder sichtbaren Nachrichten) durch elektromagnetische Wellen, die vom Menschen dafür erzeugt und mit eigens dafür gebauten Geräten gesendet und wieder empfangen werden. Die bekannteste Form solcher Erzeugung und Aussendung, von Empfang und Konsumierbarmachung elektromagnetischer Wellen sind das Fernsehen und der Hörrundfunk.

Wenn wir einmal den Hörrundfunk betrachten, um uns möglichst leicht an den Begriff Funknavigation heranzutasten, dann am besten am Beispiel des Kofferempfängers. Wer mit einem Kofferempfänger einen Mittelwellensender empfängt, kann die Feststellung machen, daß sich durch Drehen des Empfängers um seine senkrechte Achse eine Veränderung der Lautstärke bewirken läßt, die an einer Stelle so weit geht, daß der Empfang fast völlig aufhört. Führt man diese Drehung um 360° aus, so tritt dieses Verschwinden an zwei Stellen auf, die um 180° voneinander verschieden sind.

Und da sind wir schon mitten in der Funknavigation: Wir haben nämlich in dem Empfänger eine sogenannte richtungsempfindliche Antenne; ein Instrument also, mit dem man die Richtung vom eigenen Standpunkt aus auf den Sender bestimmen kann. Kennt man aber aus einer Karte den Standort der Senderantenne, so hat man auf diese Weise eine Standlinie gewonnen. Das gleiche Verfahren mit einem in einem günstigen Winkel liegenden zweiten Sender durchgeführt, ergäbe also eine zweite Standlinie. Die beiden Standlinien schneiden sich, und unser Standort ist bestimmt.

Dieses Verfahren des Aufsuchens der leisesten Stelle, des Minimums* der Empfangsleistung einer Antenne für einen bestimmten Sender, nennt man Minimumpeilung. Mit dieser Minimumpeilung hat weiland die »Stuttgart« mit ihrem hölzernen Peilrahmen operiert, mit der Minimumpeilung arbeiten noch heute (fast) alle Kleinpeiler.

* *Der zunächst noch unbefangene Betrachter meint meist, es müsse doch viel einfacher sein, die Stelle des lautesten, des besten Empfangs zu ermitteln. Tatsächlich ist das nicht der Fall. Das Maximum einer normalen Peilantenne ist außerordentlich breit und mit einfachen Mitteln kaum nutzbar zu machen.*

Der Ortungsfunk

Ortungsfunkanlagen und alle damit zusammenhängenden Einrichtungen gehören im Sinne des Fernmeldeanlagengesetzes zu den Fernmeldeanlagen und unterliegen demgemäß den Bestimmungen dieses Gesetzes und damit der Kontrolle des Fernmeldetechnischen Zentralamtes (FTZ) der Deutschen Bundespost in Darmstadt und auch des Fernmeldeamtes 6 in Hamburg sowie der Funkreferate der mit diesen Dingen befaßten Oberpostdirektionen Kiel und Bremen. Ein Funkortungsgerät gleich welcher Art darf erst in Betrieb genommen werden, wenn es vom FTZ eine FTZ-Nummer erhalten hat und damit freigegeben ist. Die Geräte unterliegen aber ferner der Kontrolle des Deutschen Hydrographischen Instituts (DHI) in Hamburg, dessen Prüfbestimmungen internationalen Bestimmungen angeglichen sind, etwa denen des Internationalen Schiffssicherheitsvertrages sowie der Funksicherheitsverordnung und den daraus resultierenden weiteren Bestimmungen.
DHI und Deutsche Bundespost gehören zur ein und derselben Behörde, dem Bundesverkehrsministerium. Dennoch vertreten sie, zumindest was den Yachtsektor betrifft, gelegentlich unterschiedliche Auffassungen. Definitionsfragen wie die Unterscheidung zwischen einem Funkpeilgerät und einem Peilfunkgerät, die das DHI macht, sollen hier nicht erörtert werden. Eines aber sollte festgestellt werden: Das Deutsche Hydrographische Institut hat sich weltweit große Verdienste in bezug auf die Erforschung des Verhaltens vieler hochfrequenter Geräte erworben. Stets aber sind solche Tests und Prüfungen auf Forschungsschiffen des DHI durchgeführt und die sich daraus ergebenden Resultate auf die Verfahrensweise gegenüber Yachten angewendet worden. Es ist aber keineswegs so, daß diese Ergebnisse unbedingt richtig sein müssen. Es gibt jedenfalls durchaus achtbare Stimmen, die eine Reihe von Feststellungen, die mehr oder weniger zwangsläufig von jedermann hingenommen wurden, berechtigterweise anzweifeln.
Kurz: Es scheint an der Zeit zu sein, einmal größere Untersuchungen durchzuführen, und zwar auf Yachten. Nur auf diese Weise lassen sich zuverlässige yachtgerechte Ergebnisse erzielen.

Abb. 1 Drehrahmenpeiler auf dem Kajütdach einer Yawl.

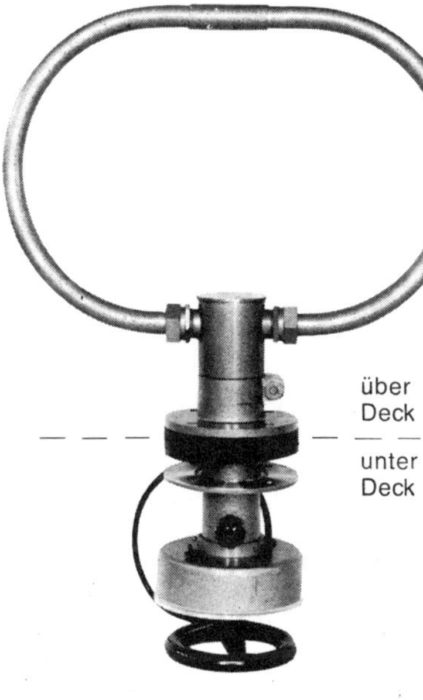

Abb. 2 Noch vor wenigen Jahren galt der klassische Drehrahmenpeiler (Debeg) als höchst erstrebenswert, doch obwohl er von seiner Zuverlässigkeit nichts eingebüßt hat, wird er praktisch nicht mehr gekauft, denn er hat einen recht hohen Platzbedarf, und im übrigen paßt er auch gar nicht in unsere Zeit, denn er ist nicht „automatic“.

Die wichtigsten Ortungsfunkverfahren sollen hier zunächst einmal kurz erläutert werden.

Consolfunkverfahren

Obwohl die Consolfunksender in den letzten Jahren immer weniger geworden sind, bleibt zumindest für die Deutsche Bucht und für die Nordsee das norwegische Consolfunkfeuer Stavanger noch für einige Zeit erhalten. Man braucht bei diesem Verfahren lediglich einen ganz normalen Empfänger ohne jedes Peilorgan. Außer der Einstellung des Consolfunkfeuers selbst gibt es überhaupt nichts zu bedienen; es gilt nur Zeichen zu zählen, die der Consolfunksender sendet (Punkte und Striche), sie rechnerisch miteinander in Beziehung zu bringen und den eigenen Standort (oder zunächst einmal eine Standlinie) aus einer Consolfunkfeuerkarte abzulesen oder die rechtweisende Peilung vom jeweiligen Consolfunkfeuer aus einer Tabelle zu entnehmen.
Sie finden weiter hinten ein Kapitel über das Consolfunkfeuerverfahren und die Tabellen für das Consol Stavanger.

Peilfunkverfahren mit dem Drehrahmenpeiler

Der Drehrahmenpeiler galt noch vor wenigen Jahren auf Yachten als ein sehr zuverlässiges Funknavigationsmittel und stellte die konsequente Weiterentwicklung jenes ersten Peilrahmens auf dem Dampfer »Stuttgart« dar.
Der Nachteil des Drehrahmenpeilers besteht darin, daß sich auch bei den elegantesten Ausführungen das Peilorgan selbst, also der eigentliche Rahmen, immer irgendwo auf dem Kajütdach befinden muß, weil er durch ein Handrad von dem darunter befindlichen Raum aus angetrieben wird. Auf dem Deck einer Yacht ist ein solcher Rahmen stets hinderlich; macht man ihn umklappbar, dann ist er im kritischen Moment nicht einsatzfähig, und schließlich unterliegt er an diesem Platz einer Fülle von Störeinflüssen durch metallene Masten und Großbäume, Seereling usw. So kann man ihn heute wohl als ein klassisches, aber bereits aussterbendes Verfahren bezeichnen (Abb. 1, 2 und 3).

Goniometerverfahren

Beim Goniometerverfahren kommen zwei um 90° versetzte, miteinander fest verbundene Peileinheiten zum Einsatz, in deren Mitte sich meist noch ein Antennenstab befindet, der zur Seitenbestimmung als

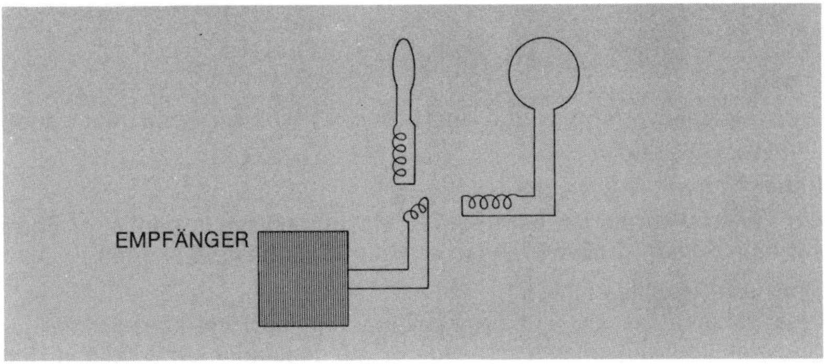

Abb. 3 Hier sind die beiden Rahmen eines Kreuzrahmenpeilers auseinandergezogen dargestellt. Der linke ist also zu dem rechten um 90° versetzt. Die Antennenströme beider fließen zu den jeweils am unteren Ende befindlichen Spulen eines Goniometers, zu dem auch die dritte gehört, die dann ihr Ergebnis zur Auswertung dem Empfänger zuführt.

Hilfsantenne mit herangezogen wird. Die Anzahl der auf solchen Kreuzrahmen-(Goniometer-)Verfahren basierenden Geräte ist außerordentlich groß. Die Ströme der beiden Kreuzrahmen werden durch Spezialkabel einem besonderen Gerät zugeführt, in dem sich eine sogenannte Goniometerspule befindet. Die Ströme beeinflussen diese Goniometerspule und führen bei modernen Automatik-Goniometerpeilern zu einer automatischen Anzeige.

Richtfunkverfahren

Dies ist wiederum ein Verfahren, das auf jeden Fall ohne Peilorgan, also mit einer Rundempfangsantenne, durchgeführt werden muß. Es kann nur da eingesetzt werden, wo an Land entsprechende Vorrichtungen vorhanden sind, zum Beispiel bei der kritischen Ansteuerung von Häfen oder beim Passieren von engen Fahrwassern.

Decca

Ein Funkmeßverfahren zur ständigen Ortsbestimmung mit automatischer Anzeige.

Loran

Ebenfalls ein Funkmeßverfahren mit automatischer Anzeige zur ständigen Ortsbestimmung.

Transit-Satellitverfahren

Ein Funkortungsverfahren unter Einsatz künstlicher Erdsatelliten.

Omega

Ein Funkmeßverfahren zur laufenden Ortsbestimmung mit automatischer Anzeige.

Radar

Ein Funkmeßverfahren, bei dem die Meßergebnisse in bildhafter Form auf dem Schirm großer Braunscher Röhren dargestellt werden.

Synchron-Satellitverfahren

Dies ist ebenfalls ein Funkortungsverfahren mit Hilfe künstlicher Erdsatelliten, jedoch kommen hier sogenannte geostationäre Satelliten zum Einsatz. Es sind künstliche Sterne, die ihren Weg synchron mit der Erde nehmen und so scheinbar stets am gleichen Platz bleiben. Dabei werden die Meßergebnisse vom Satelliten an feste Landstationen gemeldet. Dort erfolgt auch die Auswertung, die dann wieder über Satellit dem Schiff mitgeteilt wird. Dies Verfahren ist noch in der militärischen Erprobung und noch nicht für die zivile Schiffahrt nutzbar.

Die anderen hier aufgeführten Verfahren sind heute allgemein gebräuchlich und überall anzutreffen. Die meisten haben auch schon in der Sportschiffahrt ihren Platz gefunden. Hier hat auch besonders die rasende Entwicklungsgeschwindigkeit in einigen Bereichen der Elektronik zu erheblichen Preisstürzen geführt, so daß manche Geräte, die vor kurzem nur für Millionäre erschwinglich waren, plötzlich für fast jedermann erreichbar sind. Allerdings, und das muß man immer wieder betonen: Solche Entwicklungen locken auch stets clevere Händler auf den Plan, die versuchen, ein schnelles Geschäft zu machen. In den vergangenen Jahren hat es da einen Sturm auf die Omega-Geräte gegeben, und die Omega-Hersteller wuchsen wie Pilze aus der Erde. Inzwischen weiß so mancher Omega-Besitzer, daß er viel Geld ausgegeben hat und nicht immer das bekam, was er erhoffte. Derzeit gibt es einen Sturm auf Satellitennavigatoren: Immer neue und preiswertere Geräte werden angeboten. Hier kann man nur immer wieder raten: sorgfältig prüfen und sich jede nur denkbare Information beschaffen. Hervorragende (und nicht umsatzbezogene) Auskünfte bekommt man vom Deutschen Hydrographischen Institut (DHI) in Hamburg. Da erfährt man vor allem auch, daß sehr viele Geräte, die mit viel Hallo in der Presse angeboten werden, vom DHI noch nicht einmal geprüft sind, geschweige denn eine Zulassung haben.

Welle und Frequenz

Erzeugung und Fortpflanzung von elektromagnetischen Schwingungen für Laien absolut korrekt darzustellen, ist an dieser Stelle schlechterdings unmöglich; das ist ein zu umfangreicher Komplex. Es scheint mir aber wichtig, in dem Benutzer elektronischer Geräte eine gewisse Vertrautheit mit dem zu erzeugen, was er eigentlich tut. Es geht also im folgenden um die Entstehung und Ausbreitung elektromagnetischer Wellen, dargestellt an einem technisch unrichtigen, aber leicht verständlichen Beispiel.
Zur Veranschaulichung wollen wir ein kleines Experiment machen und sichtbare Wellen erzeugen. Es geht am besten, wenn wir ein Steinchen, eine kleine Kugel, in das spiegelglatte Wasser eines Teiches oder eines großen Beckens werfen. Das hat den großen Vorteil, daß wir die Wellen sehen können und daß all die Vorgänge, die sich da abspielen, so langsam vor sich gehen, daß sie gut wahrnehmbar sind. Natürlich sind die Verhältnisse bei den elektromagnetischen Schwingungen nicht nur ihrer Unsichtbarkeit und ihrer größeren Geschwindigkeit wegen, sondern auch wegen vieler anderer Dinge sehr anders; aber ich kenne keine bessere Möglichkeit, die Wellenentstehung und ihre Fortpflanzung zu veranschaulichen.
Wir werfen also ein kleines Steinchen ins Wasser und stellen dabei fest, daß vom Aufschlagpunkt des Steines her sich kreisförmig Wellen bilden und mit konstanter Geschwindigkeit nach außen fortbewegen. Mit weitergehender Entfernung und mit dem Größerwerden der Kreise verflachen die Wellen immer mehr, bis sie sich schließlich ganz verlieren. Die Entfernung vom Aufschlagpunkt bis zum Aufhören der Wahrnehmbarkeit wollen wir als *Reichweite* bezeichnen. Wesentlich ist, daß die Wellen selbst keine *seitliche* Fortbewegung der Wasserteilchen verursachen, sondern nur ein Auf- und Niederschwingen der Wasserteilchen selbst am Ort, wie wir sehr leicht feststellen können:
Werfen wir etwa ein Korkstückchen in das Ausbreitungsgebiet der von uns erzeugten Welle, dann sehen wir, daß sich dieses Stück Kork, trotz

der scheinbar seitlichen Bewegung der Welle, lediglich am Ort auf und nieder bewegt.
Die Anzahl der Schwingungen, die eine solche Welle in der Zeiteinheit ausführt, nennt man ihre *Frequenz.* Die Maßeinheit der Frequenz, also eine Schwingung pro Sekunde, ist gleich *1 Hertz.* Da wir in der Elektrotechnik/Hochfrequenztechnik mit sehr großen Schwingungszahlen zu operieren haben, hat man noch einige Zehner-Potenzen dieser Maßeinheit geschaffen (siehe auch „Übersicht über das Gesamtgebiet der elektromagnetischen Wellen“ auf Seite 30).
Der Steinwurf und die damit hervorgerufene Wellenbewegung sind ein einmaliger Vorgang, und nur wenige Sekunden nach dem Steinwurf ist die Wasserfläche glatt wie zuvor (wenn sie nicht in anderer Weise zum Schwingen angeregt wird).
Gehen wir jetzt einen Schritt weiter: Statt den Stein zu werfen, binden wir ihn an ein Stück Zwirn und tauchen ihn mittels einer längeren Stange rhythmisch in das Wasser ein. Dabei bewirkt jedes neue Eintauchen ein neues Anstoßen der Wellenbildung, die sich wie zuvor in Kreisen fortsetzt. Wir können sogar sehr gut beobachten, daß wir in der Lage sind, die Frequenz der Wellen dadurch zu verändern, daß wir die Geschwindigkeit des Eintauchens variieren. Je schneller wir den Stein eintauchen, desto kürzer wird der Abstand von Welle zu Welle, desto höher ihre Frequenz.

Je kürzer die Welle, desto höher ihre Frequenz.*

Auch bei dieser Tätigkeit machen wir die Feststellung, daß der erwähnte Korken im Ausbreitungsgebiet der Welle keineswegs seine Position verändert, sondern sich nach wie vor nur auf und nieder bewegt.
Und nun noch eine Betrachtung: Wir haben gesehen, daß sich mit vergrößernder Entfernung vom Mittelpunkt die Kreise immer größer werden. Bei hinreichender Entfernung wird dann ein Ausschnitt eines Kreises, obwohl er nach wie vor Teil eines Kreises bleibt, fast wie eine Gerade wirken.

* *Der Zusammenhang zwischen der Wellenlänge (in Metern) und der Frequenz (in Schwingungen pro Sekunde) sei hier an dem Beispiel der für die Grenzwelle so wichtigen Frequenz 2182 kHz = 2 182 000 Schwingungen/Sekunde dargestellt:*

$$\frac{300\,000\,000}{2\,182\,000} = 137{,}48 \text{ m.}$$

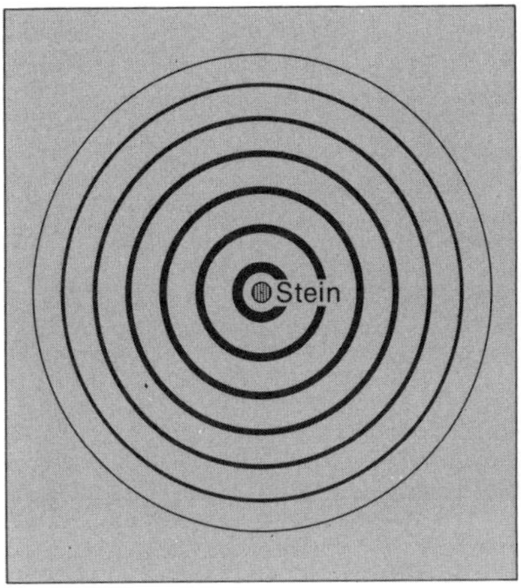

Abb. 4a Ein Stein fliegt ins Wasser. Von der Stelle seines Aufschlagens verbreiten sich nach allen Seiten kreisförmig Wellen.

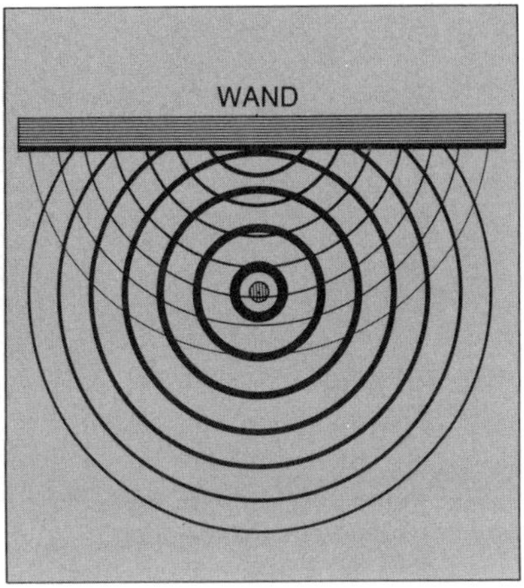

Abb. 4b Treffen diese Wellen aber auf einen Widerstand, werden sie zurückgeworfen (reflektiert).

Bleiben wir noch ein wenig bei unserem Steinchen-Experiment. Wir werfen jetzt noch einmal einen kleinen Stein ins Wasser, halten dann aber an irgendeiner Stelle des Ausbreitungsgebietes der Wellen senkrecht irgendeine Fläche ins Wasser; etwa ein glattes Brett.

Wir beobachten, daß die Wellen an dem Brett anschlagen, gleichzeitig aber von dem Brett aus eine Welle, wenn auch etwas schwächer, in entgegengesetzter Richtung zum Aufschlagpunkt des Steines zurückkehrt und sogar darüber hinausläuft: Die Welle wird an dem Brett *reflektiert.* Mit solchen Reflektionen werden wir später noch zu tun haben. Das Echolot zum Beispiel nutzt die Reflektierbarkeit akustischer, das Radar die Reflektierbarkeit elektromagnetischer Wellen.

Es ist leicht einzusehen, daß man, sofern man nur die Fortpflanzungsgeschwindigkeit der Welle im Wasser (um bei unserem Beispiel zu bleiben) kennt, aus der Hin- und Rücklaufzeit von einem Ausgangspunkt bis zu einem reflektierenden Objekt unbekannter Entfernung eben diesen Abstand bestimmen kann. Wie schon gesagt: Eine Welle, die von

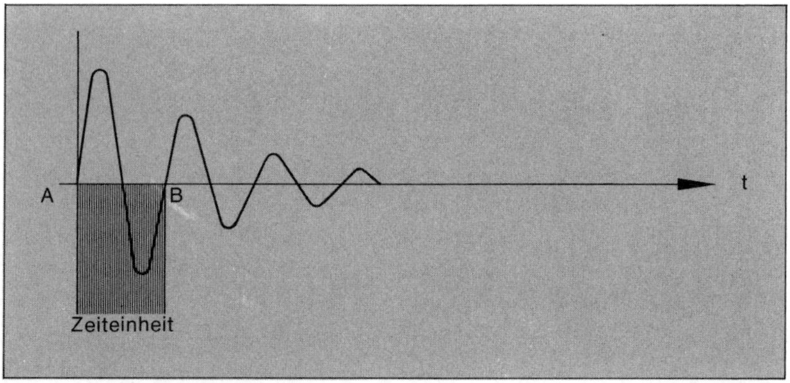

Abb. 5 Gedämpfte Schwingung.

einem ins Wasser geworfenen Stein herrührt, verliert sich nach einer Weile. Die Reibung der Wasserteilchen aneinander, die Reibung an der darüber befindlichen Luft, die immer weitere Ausbreitung zehren die Energie auf. Solch eine Schwingung, die einmal durch ein Ereignis angestoßen wird und sich dann nach einiger Zeit verliert, nennt man eine *gedämpfte Schwingung* (Abb. 5). Will man also eine Wellenbewegung kontinuierlich aufrechterhalten, dann muß man dafür sorgen, daß in ihrem Ausgangspunkt im Rhythmus der Wellenbewegung Energie neu zugeführt wird.

Dies gilt natürlich nicht nur für die hier gezeigten Wasserwellen; das gilt analog für akustische, für Wellenbewegungen mechanischer Gebilde und auch für die uns interessierenden elektromagnetischen Wellen.

In unserem gesamten Experiment haben wir die Wellenbewegung durch Werfen eines Steines ins Wasser erzeugt. Wie aber kann man elektromagnetische Wellen produzieren?

Die einfachste Form der Erzeugung elektromagnetischer Wellen, die sich durch die Luft unsichtbar fortpflanzen, ist die Erzeugung eines elektrischen Funkens. Davon kann man sich sehr leicht überzeugen, wenn man einen Radioapparat anstellt und dann einen Lichtschalter betätigt: Beim Ein- und Ausschalten vernimmt man im Radio meist ein

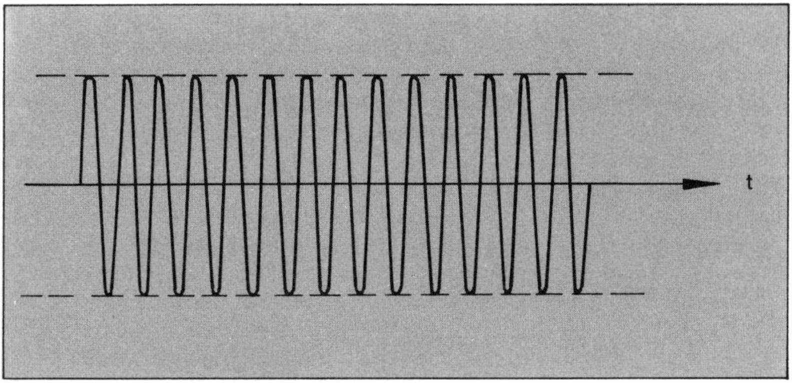

Abb. 6 Ungedämpfte Schwingung.

deutliches Knacken. Ebenso dann, wenn man die Pole einer Taschenbatterie miteinander verbindet, und zwar bei der Berührung der beiden Pole sowie beim Öffnen dieser Verbindung.
Jeder elektrische Funke erzeugt also eine elektromagnetische Schwingung, und da hier kein Energienachschub erfolgt, handelt es sich genauso wie bei dem erwähnten Steinchenspiel um eine gedämpfte Schwingung mit begrenztem Ausbreitungskreis, die nach sehr kurzer Zeit wieder abklingt.
Dabei muß man sich noch vorzustellen versuchen, daß ein solcher elektrischer Funke nicht – wie oft fälschlicherweise angenommen wird – von einem Punkt zum anderen überspringt, also ein „Einweg"-Vorgang ist, sondern daß er eine hin- und hergehende (oszillierende) Bewegung macht. Eine solche oszillierende Bewegung führt beispielsweise jeder Blitz aus, der auch nur ein elektrischer Funke ist – wenn auch ein ziemlich großer. Wir können diese Hin- und Herbewegung im Gegensatz zu unserem Steinchenexperiment mit dem Auge nicht erkennen.
Wir sehen nur die Lichterscheinung. Dabei sollte man sich gleich vergegenwärtigen, daß die Erzeugung elektromagnetischer Wellen heute ohne Lichterscheinung vor sich geht.
In der Anfangszeit des Funkverkehrs haben solche Funken, solche künstlichen Blitze eine bedeutende Rolle gespielt. Mit Hilfe großer

Spannungen erzeugte man dicht aufeinanderfolgende Funkenentladungen (wie bei dem Steinchen, das wir schneller im Wasser bewegt haben) und benutzte das damit in den Äther hinausposaunte kontinuierliche Knattergeräusch zur Nachrichtenübermittlung. Diese Geräusche waren bei großen Sendern außerordentlich stark, so daß man sie Knallfunkensender nannte.
Später wurden diese großen Funkenstrecken, die sehr, sehr hohe Spannungen erforderten, in einzelne Abschnitte unterteilt. Das hatte eine Reduzierung des Geräusches zur Folge (Löschfunkensender). Aber der einst weltberühmte deutsche Sender Nauen soll noch vor rund 60 Jahren durch seine Funken mehr als einen Kilometer weit über Land zu hören gewesen sein.
Im Deutschen Museum in München kann man noch heute solche Knallfunkensender im Original sehen (und hören).
Heutzutage sind gedämpfte Schwingungen unbrauchbar. Unsere *Sender* erzeugen mittels *Transistoren* und *Elektronenröhren in ihren Schwingungskreisen* ungedämpfte Schwingungen, Wellen also von konstanter Stärke mit gleichbleibender Frequenz (Abb. 6).
Ein solcher Sender ist dann ein Gerät, das entsprechend seiner *Sendeleistung* gewisse *Signale* in elektromagnetische Wellen verwandeln und in einem bestimmten Umkreis verbreiten kann, also Zeichen wie Morsezeichen, Steuersignale für Wetterschreibgeräte, die menschliche Sprache, Musik oder, ganz besonders aktuell, Steuerbefehle für Raumschiffe.
Den Teil unseres Senders, von dem aus die elektrischen Schwingungen, die wir im Gerät selbst erzeugt haben, unsichtbar an die Luft, an die Umgebung weitergegeben werden, nennen wir *Luftleiter* oder *Antenne.*
Wie bereits gesagt, besitzt der Mensch zwei Organe zur Wahrnehmung elektromagnetischer Wellen: das Auge, zur Aufnahme des sichtbaren Lichtes, und die Haut, zur Aufnahme der Wärmestrahlung (Infrarot). (Siehe auch die „Übersicht über das Gesamtgebiet der elektromagnetischen Wellen" auf Seite 30.) Für alle anderen elektromagnetischen Schwingungen haben wir keine unmittelbare Wahrnehmungsmöglichkeit, müssen uns also dafür entsprechende Hilfsmittel schaffen.
Analog zum Sender heißen solche Geräte *Empfänger.* Ein Empfänger ist ein Gerät, das die auf der einen Seite, senderseitig also, erzeugte elektromagnetische Schwingung aus dem Raum wieder aufnimmt –

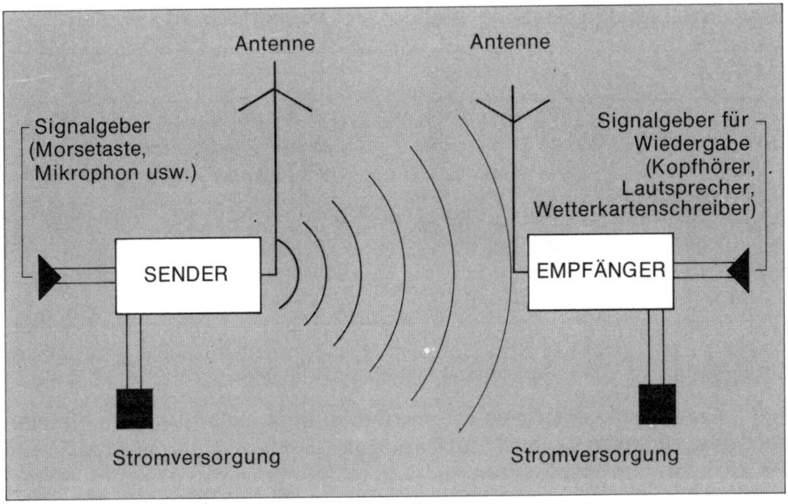

Abb. 7 Senden – Empfang (Schema).

dazu bedient es sich ebenfalls einer Antenne – und für den menschlichen Organismus wahrnehmbar macht. Das kann auf sehr unterschiedliche Weise geschehen, beispielsweise durch die Erzeugung eines Farbbildes auf dem Bildschirm eines Heimempfängers, die funkgesteuerte Fernlenkung eines Flugzeug- oder Schiffsmodells oder die Hörbarmachung einer Küstenfunkstelle in unserem Bordempfänger. Eine wesentliche Eigenschaft solcher Empfänger ist ihre Möglichkeit, aus der fast unendlichen Fülle der im Äther herumschwirrenden Signale diejenigen herauszusieben, die wir gerade für unseren Zweck empfangen und verwerten wollen.

Die Technik hat Mittel und Wege gefunden, ungedämpfte Schwingungen, elektromagnetische Wellen also, von gleichbleibender Stärke und Frequenz zu erzeugen. Das gesamte *Band* der für die Nachrichtenübermittlung zur Verfügung stehenden Frequenzen, von den allerkürzesten Mikrowellen bis zu den längsten Langwellen, ist in viele Bereiche aufgeteilt. Wir alle kennen Rundfunk und Fernsehen. Und jeder weiß von dem weltumspannenden Sport der Amateurfunker, die über alle Gren-

Übersicht über das Gesamtgebiet der elektromagnetischen Wellen

Frequenz	Wellenlänge	Bezeichnung
bis 1 kHz	bis 300 km	technische Wechselströme
16 bis 20 kHz	18,75 bis 15 km	Längstwellen (Omega)
20 bis 1600 kHz	15 km bis 187,5 m	Rundfunkbereich (Lang- u. Mittelw.)
1600 bis 4200 kHz	187,5 bis 71,5 m	Grenzwellenbereich
4200 kHz bis 15 MHz	71,5 bis 20,0 m	Kurzwellenbereich
15 bis 300 MHz	20,0 bis 1,0 m	UKW-Band (Fernsehen)
300 bis 30 000 MHz	1,0 bis 0,1 m	UKW-Band (dm und cm: Radar)
bis 3 000 000 MHz	bis 0,01 m	UKW-mm-Band

Danach folgen: infrarotes Licht (Wärmestrahlung), sichtbares Licht, ultraviolettes Licht, Röntgenstrahlen, Gammastrahlen, Höhenstrahlung.

zen hinweg Funkverkehr betreiben. Bekannt ist auch die in den letzten Jahren so modern gewordene Form des CB-Funkes, dessen tragbaren Geräte (von den Insidern als Handschachteln bezeichnet) heute (leider) von jedermann, auch von Kindern, ohne jede Lizenz und ohne Verpflichtung zu einem Mindestmaß an Funkdisziplin betrieben werden dürfen. Auch die Feststationen des CB-Funkes und die mobilen Geräte in Kraftfahrzeugen, die ja nur dem privaten Gespräch dienen, darüber hinaus die im Berufsleben heute sehr stark eingesetzten Anlagen des „nöbL" (nichtöffentlicher beweglicher Landfunkdienst) haben zu einem weitgehenden Bekanntheitsgrad und zu erheblicher Vertrautheit von jung und alt mit den Funkverfahren geführt. Wir wissen von internationalen Nachrichtendiensten, vom Funkdienst der Heere und Marinen der einzelnen Staaten.

Für uns kommen aus diesen Bereichen nur einige wenige in Frage: Das sind einmal die Frequenzen der *Seefunkfeuer,* die im Bereich zwischen 285 und 325 kHz und 405 bis 415 kHz liegen. 410 kHz ist die internationale Peilfrequenz für Fremdpeilungen (siehe Seite 32). Diese Frequenz darf für keinen anderen Funkverkehr zwischen Seefunk- oder Küstenfunkstellen benutzt werden.

Die früher für Yachten so wesentlichen Frequenzen der *Consolfunkfeuer* treten immer mehr in den Hintergrund. Die Berufsschiffahrt braucht sie kaum oder überhaupt nicht mehr. So ist das Consol Sevilla, dessen Werte man im Mittelmeer gut benutzen konnte, seit Jahren außer Betrieb, ebenso wie Lugo an der Nordküste Spaniens, das für Yachten ein außerordentlich zuverlässiges Ansteuerungsmittel für die spanische und portugiesische Küste darstellte. Bushmills in Irland wurde eingestellt, weil es vom Moskauer Rundfunk so stark überlagert wurde, daß es nicht mehr benutzbar war.

Für Kleinschiffahrt und Yachtskipper gleichermaßen interessant und wichtig ist der UKW-Bereich, der sich von 156 bis 174 Megahertz erstreckt. Im UKW-Gebiet hat sich in den letzten Jahren eine geradezu unerhörte Entwicklung vollzogen. Einige tausend Schiffe sind allein in Deutschland mit UKW-Telephoniefunk-Anlagen ausgestattet worden. Die Möglichkeit der Vergrößerung der Sicherheit, die Möglichkeit ständiger Kommunikation mit daheim (wenn man will), die Tatsache, daß man mit einer solchen Anlage rund 50 sm weit senden kann und damit in Bereichen wie der Ostsee und dem Kattegat von überallher im Notfall gehört wird, das sind Argumente, die auch solche überzeugen, die immer gemeint haben, man könne ohne Seefunk auskommen.

Dazu kommt natürlich noch die Nutzung der sogenannten nichtöffentlichen Dienste: Revier- und Hafenfunk, Lotsenfunk und besonders die Radarberatung sind auch oder gerade für den Yachtskipper von Wichtigkeit.

Der sogenannte Grenzwellenbereich ist in den letzten Jahren etwas in den Hintergrund gerutscht. Das ist verständlich, weil viele Benutzer der Grenzwelle (von 1605 bis 3800 Kilohertz) durch die bevorstehende Einführung der Einseitenbandtechnik gezwungen sind, durchaus noch brauchbare Geräte abzuschaffen, und der Markt der Grenzwellengeräte derzeit praktisch nur sehr wenig yachtgeeignete Sender und auch nur wenige Empfänger anbietet. Hinzu kommt noch, daß bei vielen eine erhebliche Verunsicherung eingetreten ist, nachdem sie erfahren mußten, daß manch teuer erworbenes Einseitenbandgerät, nicht nur im Sinne postalischer Bestimmungen, sondern auch in der Praxis des A3J-Verfahrens, gar kein brauchbares Einseitenbandgerät ist. (Genaueres darüber im Abschnitt „Die Empfänger".)

Gekauft werden jetzt meist sogenannte Wetterempfänger, damit man wenigstens den auf Grenzwellenfrequenzen verbreiteten Wetterbericht des Deutschen (oder ausländischen) Seewetteramtes hören kann.

Dennoch bin ich davon überzeugt, daß der Grenzwellenbereich sehr bald wieder interessant sein wird. Einmal ist der UKW-Bereich bereits jetzt

sehr stark überlastet, so daß es national und international in den Ferienzeiten oft längere Wartezeiten gibt. Dazu kommt die eben doch beschränkte Reichweite der UKW-Anlagen, die dem, der größere Reisen plant und ausführt, unzureichend erscheint. Hier aber geht es dann nicht nur um die Grenzwelle, sondern auch um die Kurzwelle. Auf dem Markt fehlt nach wie vor die Grenzwellen-/Kurzwellenanlage mit einem Bereich bis etwa 27 Megahertz und einer Sendeleistung von 250 Watt PEP. Sie wäre auch auf der kleineren Yacht platzmäßig unterzubringen, von der Batterie her zu verkraften und bei schärfster Kalkulation auch für kleinere Geldbeutel erschwinglich.
Es wird immer wieder nach der Verwendbarkeit von Flugfunkfeuern für die Navigation gefragt. Hier muß gewarnt werden. Für die Seenavigation sollten nur solche Flugfunkfeuer verwendet werden, die vom DHI als verwendbar ausgewiesen sind. Alle anderen, auch wenn man sie gut aufnehmen kann, sollte man nicht benutzen, weil die Gefahr erheblicher Peilfehler besteht.

Fremdpeilung

Unter dem Begriff Fremdpeilung versteht man einen Vorgang, bei dem ein Schiff, das eine Standortangabe benötigt, von zwei (oder mehr) anderen Schiffen oder aber auch von Land her gepeilt wird.
Besonders wichtig ist ein solches Verfahren im Seenotfall, denn selbst erfahrenen und bewährten Schiffsführern der Berufsschiffahrt unterlaufen in dieser Situation zuweilen Fehler bei der Standortangabe.
Die Deutsche Bundespost unterhält im Nordsee-Bereich das „Funkpeilnetz Nordsee der Deutschen Bundespost“, das aus drei ständig besetzten Peilstellen besteht: Norddeich Gonio, Elbe-Weser Gonio und St. Peter-Ording Gonio.
Wichtig zu wissen ist, daß diese Einrichtung auch dann in Anspruch genommen werden kann, wenn kein Seenotfall vorliegt. Allerdings setzt das den Besitz einer Grenzwellen-Sendeanlage (oder Mittelwellen-Anlage) voraus, denn ein Schiff, das sich peilen lassen will, muß selbst ein peilbares Signal geben.
Leider gibt es diese Möglichkeit im UKW-Bereich nicht; das liegt vor allem an der zu geringen Reichweite der ultrakurzen Wellen.
Eine Fremdpeilung ist im Seenotfall kostenlos. Bei sonstiger Inanspruchnahme kostet eine Peilung derzeit 12 DM.

Abb. 8 Die Yacht ruft: „Norddeich Gonio, Norddeich Gonio, hier die Yacht »Avalon«, Rufzeichen . . . . , bitte kommen." Norddeich antwortet dann in der bekannten Weise.
Die Peilung wird ausgeführt auf 2182 kHz, wobei das zu peilende Schiff durch Drücken der Sprechtaste nach Aufforderung einen Dauerstrich sendet.

Wichtige Begriffe

Wir haben bereits von der außerordentlich hohen Geschwindigkeit elektromagnetischer Wellen gesprochen. Im Zeitalter der Raumfahrt, wo es gilt, Flugköpern, die von Menschenhand in die Unendlichkeit des Weltraums gelangt sind, von der Erde aus Funkbefehle zu erteilen und umgekehrt von diesen Raumkörpern aus Nachrichten, ja sogar Bilder zu empfangen, ist die Kenntnis und die Vertrautheit mit dem Begriff der Geschwindigkeit der elektromagnetischen Wellen von besonderer Wichtigkeit. Noch vor gar nicht allzu langer Zeit hat der normale Sterbliche die Tatsache einer Fortpflanzungsgeschwindigkeit von 300 000 km in der Sekunde als nahezu unbegreiflich hoch betrachtet. (Nur die Astronomen, die mit unglaublichen Entfernungen zu rechnen haben, benutzen diese Geschwindigkeit längst als Entfernungsangabe. Die astronomische Entfernungsangabe 1 Lichtjahr bedeutet die Anzahl der *Sekunden* eines Jahres multipliziert mit 300 000 km.
Ein anderes Beispiel möge dem Leser ein Bild von der Geschwindigkeit der elektromagnetischen Welle vermitteln: Ein Radarsignal, das von einer Radarantenne ausgehend ein Ziel im Abstand von 1 km trifft, ist bereits nach 6,66 Millionstel Sekunden wieder zum Ausgangspunkt zurückgekehrt und wird angezeigt.
Die Maßeinheit für die Frequenz ist Hertz (Hz), benannt nach dem deutschen Physiker Hertz; englischsprachige Länder bedienen sich statt dessen häufig des Wortes *cycle*.

1 Hertz	abgekürzt Hz = 1 Schwingung pro Sekunde
1 Kilohertz	abgekürzt kHz = 1000 Schwingungen pro Sekunde englische Bezeichnung Kc (kilocycle)
1 Megahertz	abgekürzt MHz = 1 000 000 Schwingungen pro Sekunde englische Bezeichnung Mc (megacycle)

Die Abkürzung bfo *(beat frequency oscillator)* bedeutet „Überlagerer“ und ist die internationale Bezeichnung für einen im Empfänger eingebauten kleinen Hilfssender, der eingeschaltet werden muß, wenn Funkstellen mit der Sendeart A 1 (siehe folgendes Kapitel „Sendearten") für das menschliche Ohr hörbar gemacht werden sollen. bfo ist auch ein Hilfsmittel zum genauen Abstimmen von Empfängern durch „Einpfeifen" auf „Schwebungslücke". Darauf kommen wir später noch zurück.

Sendearten

Wir haben bereits erfahren, was Senden bedeutet: die Ausstrahlung einer elektromagnetischen Welle. Und wir haben an unserem Steinchenbeispiel gelernt, daß man Schwingungen verschiedener Frequenz erzeugen kann. Der Vorgang vom Senden bis zum Empfang wurde schematisch aufgezeigt und eine Tabelle über das Gesamtgebiet der elektromagnetischen Wellen aufgestellt (soweit es erforscht ist). Nun gilt es, die bisherigen Kenntnisse zu erweitern.
Die Erfindung der Elektronenröhre gestattete die Erzeugung elektromagnetischer Schwingungen ohne Geräusche. Heute ist diese Elektronenröhre weitgehend vom Transistor abgelöst worden, der viel billiger im Gebrauch ist und ungleich weniger Platz beansprucht als die Elektronenröhre. Anlagen, wie sie in der Funknavigation verwendet werden, sind häufig aber sehr alt; sie sind einfach aufgebaut und müssen viele Jahre halten. Deshalb findet man vielfach noch Verfahren, die eigentlich überholt sind, von deren Existenz zu wissen aber wichtig ist, weil man darauf aufbauen muß.
Die folgende Aufzählung der Sendearten kann nicht vollständig sein; genannt sind nur solche, die für den Yachtskipper insbesondere für die Funknavigation von Bedeutung sind.
Wenn man in irgendeiner Weise eine ungedämpfte elektromagnetische Schwingung erzeugt und einer Antenne zuleitet, kann man diese Welle je nach den Ausbreitungseigenschaften der Frequenzart und der Leistung des Senders über eine bestimmte Entfernung übertragen. Unterbricht man die Aussendung etwa in einem bestimmten rhythmischen Takt, dessen Anordnung der Empfangsseite bekannt ist, dann lassen sich auf diese Weise unschwer Nachrichten übermitteln. Noch heute wird in aller Welt das Zeichenalphabet von Samuel Morse verwendet, mit dem die Telegrafiefunker großer Schiffe einen wesentlichen Teil

ihres internationalen Weitverkehrs abwickeln. Die Ausstrahlung einer Trägerwelle ohne Signalgabe nennt man Sendeart A 0.

A 0 = ungedämpfte Trägerwelle, ohne Modulation, ohne Signal
A 1 = ungedämpfte Trägerwelle, ohne Modulation;
Signalabgabe erfolgt durch rhythmische Unterbrechung des Trägers (etwa im Takt von Morsezeichen)
A 2 = ungedämpfte Trägerwelle, mit Tonmodulation;
zur Signalgabe wird eine (oder mehrere) Modulationsfrequenz verwendet, die dem Träger aufmoduliert wird. Oder es erfolgt Ein-Aus-Tastung der Trägerwelle *mit* aufmoduliertem Ton

A 2 H wie A 2, jedoch *Einseitenband mit vollem Träger*
A 2 A wie A 2, jedoch *Einseitenband mit vermindertem Träger*
A 2 J wie A 2, jedoch *Einseitenband mit unterdrücktem Träger*

A 3 ungedämpfte Trägerwelle, Zweiseitenband, mit Modulation Sprache, Musik. Bisheriges Verfahren im Grenzwellen-Sprechfunkdienst
A 3 H wie A 3, jedoch *Einseitenband mit vollem Träger*
A 3 A wie A 3, jedoch *Einseitenband mit vermindertem Träger*
A 3 J wie A 3, jedoch *Einseitenband mit unterdrücktem Träger*

A 4 Faksimile (z. B. Wetterkartenschreiber)

Alle Verfahren, deren Bezeichnung mit dem Buchstaben A beginnen, sind Verfahren der *Amplitudenmodulation.* Mit diesem Verfahren arbeiten im Seefunkbereich die Kurz-, Grenz- und Mittelwellenfunkstellen.

F 1 analog A 1, Signalabgabe erfolgt ohne Modulation durch Frequenzumtastung
F 3 analog A 3, Modulation, Sprache, Musik. Verfahren im UKW-Sprechfunkdienst
F 4 analog A 4, Faksimile

Alle Verfahren, die mit dem Buchstaben F beginnen, sind Verfahren der *Frequenzmodulation.*

Umrechnung von Frequenz (kHz) in Wellenlänge (m)

$$\text{Frequenz (kHz)} = \frac{300\,000}{\text{Wellenlänge (m)}}$$

2. Beispiel: $10\text{ kHz} = \dfrac{300\,000}{x\text{ (m)}} = \dfrac{300\,000}{10} = 30\,000\text{ m}$

2. Beispiel $400\text{ m} = x\text{ (kHz)} = \dfrac{300\,000}{400} = 750\text{ kHz}$

3. Beispiel: Das Funkfeuer Rönne, Bornholm (SfK Blatt D-5-2 Nr. 2107) ist angegeben mit 406 kHz. Wieviel Meter Wellenlänge sind dies?

$406 = \dfrac{300\,000}{x\text{ (m Wellenlänge)}}$ $\qquad 3000\,000 : 406 = x = 738{,}91\text{ m}$

Einige Grundformeln aus der Elektrizitätslehre

Das Ohmsche Gesetz	I	= Stromstärke	in Ampere	Kurzzeichen A
	U	= Spannung	in Volt	Kurzzeichen V
	R	= Widerstand	in Ohm	Kurzzeichen Ω
	N	= Leistung	in Watt	Kurzzeichen W

Strom $I = \dfrac{U}{R}$ Spannung $U = I \times R$

Widerstand $R = \dfrac{U}{I}$

Leistung $N = U \times I$ $\quad N = I^2 \times R$ $\quad N = U^2 \times R$

Zusammenschaltung von Widerständen

Reihenschaltung (Serie) $R_{ges} = R_1 + R_2 + R_3 \ldots$

Parallelschaltung $\dfrac{1}{R_{ges}} + \dfrac{1}{R_1} + \dfrac{1}{R_2} + \dfrac{1}{R_3} \quad \ldots$

Parallelschaltung für nur zwei Widerstände $R_{ges} = \dfrac{R_1 \times R_2}{R_1 \times R_2}$

Der Funkpeiler

Unser Empfangsgerät an Bord empfängt seine elektrische Energie aus der Antenne. Wir haben es bisher als selbstverständlich betrachtet, daß diese Antenne Wellen aus den verschiedensten Richtungen in gleicher Weise aufnimmt und dem Empfänger zuführt. Das trifft für unsere normalen Antennen wie Draht-, Stab- und Peitschenantennen auch in gewissem Rahmen zu.

Nun gibt es aber auch Antennenformen, die diese Eigenschaft der gleichmäßigen, konstanten Empfindlichkeit für alle Einfallsrichtungen nicht besitzen. Solche Antennen nennt man Richtantennen, genauer müßte es heißen: *richtungsempfindliche Antennen.* Im Kapitel „Funknavigation heute" haben wir bereits davon gesprochen, daß man durch Drehen eines Kofferempfängers dessen Wiedergabelautstärke beeinflussen kann. Tatsächlich beeinflußt man nicht die Wiedergabelautstärke, sondern man verändert die Stärke der vom Sender kommenden Wellen, indem man die Antenne des Empfängers, die sich unsichtbar im Innern des Gerätes befindet (hier ist nicht etwa eine ausziehbare Stabantenne gemeint), in eine Richtung dreht, in der sie die Wellen des Senders, den wir gerade hören, kaum noch oder überhaupt nicht mehr empfangen kann.

Diese Tatsache macht man sich bei einem Teil der Peilgeräte zunutze. Dabei muß man zwei Prinzipien unterscheiden: einmal das Prinzip der Rahmenantenne – hierbei ist ein kreisförmiges Gebilde zur Antenne gemacht – und zum anderen das der Ferritstäbe. Ferritstäbe bestehen aus zusammengepreßten feinsten Eisenteilchen mit ganz bestimmten magnetischen Eigenschaften. Sie ermöglichen es, daß man als Peilorgan statt eines Rahmens von 50 cm Durchmesser nur eine Spule von 20 mm Durchmesser braucht. Genaugenommen ist also auch der Ferritstab eine Rahmenantenne, aber keine offene Spule, sondern eine Spule, die auf einen Kern, eben auf einen Ferritstab aufgewickelt ist.

Betrachten wir zunächst das Arbeiten mit dem Peilrahmen: Das Peilgebilde, der Rahmen also, ragt, oberhalb des Deckels angebracht, mit einem Rohr in den Kajütraum und kann von dort aus mittels Handrad oder Bedienungshebel um seine senkrechte Achse gedreht werden. Durch dieses Rohr führen auch die Anschlüsse der im Rahmen befindlichen Antenne hindurch und werden unter den Anschlußbuchsen eines zu der Antenne passenden Empfängers zugeführt. Über dem Bedienungshebel des Peilrahmens ist eine Gradeinteilung von 1 bis 360°, die der Kompaßrose oder besser gesagt der Teilung einer Plathschen Peilscheibe entspricht. Denn wie eine solche kann der Drehrahmen auch benutzt werden.

Nehmen wir an, an unserem Empfänger befände sich außer der Peilantenne auch eine normale Antenne, womit ich eine Eindrahtantenne meine, die keine Richtempfindlichkeit besitzt, eine Rundempfangsantenne also. Wählen wir mit dem Empfänger, nachdem wir ihn auf Arbeiten mit der Rundempfangsantenne geschaltet haben, die Frequenz eines zum Peilen geeigneten Funkfeuers, etwa das Funkfeuer auf Helgoland, so werden wir die Zeichen und Töne, also das Signal, welches das Funkfeuer Helgoland sendet, klar und deutlich empfangen, sofern wir uns im Sendebereich von Helgoland befinden.
Schalten wir nun auf die Rahmenantenne um, so wird in jedem Falle, auch im günstigsten, der Empfang etwas leiser sein, weil solche Antennengebilde eine etwas schlechtere Empfangsleistung als Langdrahtantennen haben. Es ist aber auch möglich, daß wir die Zeichen von Helgoland überhaupt nicht hören. Wird dann am Handrad des Rahmens gedreht, so kommen die Zeichen zum Vorschein, und das Phänomen, das wir vom Drehen des Kofferempfängers her kennen, zeigt sich bei dieser Antenne auf ungleich intensivere Weise.
An zwei Stellen einer ganzen Kreisdrehung verschwindet der Empfang in einem sehr engen Bereich (fast) völlig. Ist der Empfänger mit einem Anzeigeinstrument zur Abstimmung versehen, dann können wir auch mit Hilfe des Zeigerausschlages den Empfang der schlechtesten Stelle sehr genau definieren. Diese Stelle, die wir *Minimum* nennen, ist der Moment, in dem die Antenne, unser Rahmen, in einer ganz bestimmten Weise auf den an Land stehenden Sender zeigt. Könnten wir das Funkfeuer Helgoland sehen, so würden wir feststellen, daß eine Verbindungslinie vom Sender senkrecht auf die durch den Rahmen gebildete Kreisfläche zuführt.

Mit diesem Wissen könnten wir schon eine ganze Menge anfangen. Wenn wir den Peilrahmen jetzt quer zur Schiffslängsachse stellen und dann ein Funkfeuer ansteuern – das heißt: stets so fahren, daß wir im Minimum bleiben –, so werden wir zwangsläufig auf das Funkfeuer zufahren. Diese primitivste Benutzung eines Peilorgans nennt man *Zielfahrt.*

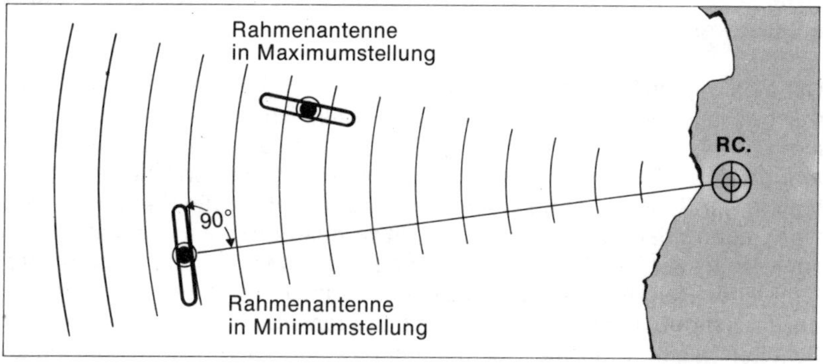

Abb. 9 Das Minimum tritt ein, wenn der Rahmen senkrecht zur Verbindungslinie zum Sender steht.

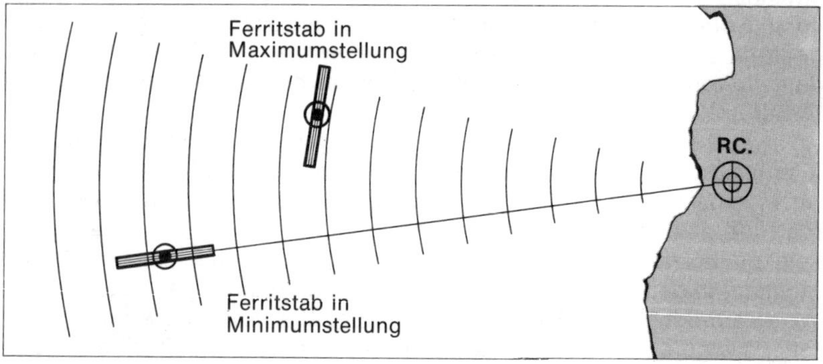

Abb. 10 Das Minimum tritt ein, wenn der Ferritstab parallel zur Verbindungslinie zum Sender steht.

Unsere Beobachtung, daß die Verbindungslinie zwischen Sender und Rahmen auf der Fläche des Rahmens senkrecht steht, trifft auch auf Ferritstäbe zu. Dabei ist die kleine runde Fläche am Ende des Ferritstabes, wenn sie überhaupt sichtbar ist, der Ebene des Rahmenantennenkreises gleichzusetzen.
Weil hier immer wieder Verwechslungen vorkommen, sei das auch zeichnerisch dargestellt: Abb. 9 und 10.

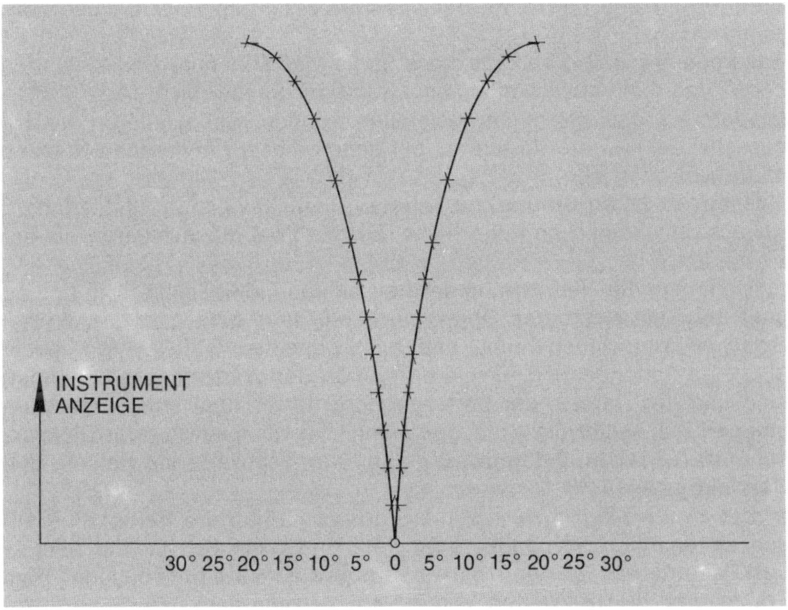

Abb. 11 Diese nur wenig idealisierte Peilkurve einer Peilantenne zeigt an, daß die Lautstärke rechts und links von einem ermittelten Minimum rasch ansteigt, das heißt, bei etwa 25° nach links oder nach rechts ist die volle Lautstärke wieder erreicht. Wenn man sich das ganze Gebilde zu einem Vollkreis ergänzt denken würde, ergäbe sich genau um 180° versetzt die gleiche Kurve des Abfallens bis auf 0 analog zu der hier gezeigten.

Das Peilen

Wie bereits gesagt, ist das Maximum eines Peilrahmens außerordentlich schwer zu bestimmen; wir werden uns also bei unseren weiteren Überlegungen und auch in der Praxis stets mit dem Minimum zu befassen haben. Das hat ohne Zweifel einen großen Nachteil, denn wir suchen jeweils eine Stelle, *an der das, was wir hören wollen, nicht mehr zu hören ist.*
Das bedeutet, daß, wenn wir diese Stelle, das Minimum also, gefunden haben und dann aus irgendeinem Grund der Sender nicht mehr weitersendet, wir das gar nicht feststellen können. Es existieren freilich bessere bzw. teurere Verfahren, bei denen dieser gravierende Nachteil ausgeschlossen ist.
Machen wir einen Sprung zur terrestrischen Navigation, und erinnern wir uns der Plathschen Peilscheibe. Es gibt zwei Möglichkeiten, sie anzuwenden:
a) Stellt man die Nullrichtung der Peilscheibe in Mittschiffsrichtung und peilt dann ein sichtbares Objekt an Land, dann mißt man den Winkel zwischen Mittschiffsrichtung und dem gepeilten Objekt. Man macht also eine Seitenpeilung. Erst die Addition der Werte dieser Seitenpeilung und des Kurses, der im Augenblick der Peilung am Kompaß angelegen hat, ergibt die Kompaßpeilung, die wir dann mit der Beschikkung für Deviation und Mißweisung in eine rechtweisende Peilung umwandeln.
b) Die zweite Möglichkeit besteht darin, daß man die Peilscheibe auf den anliegenden Kompaßkurs einstellt und dann das Objekt peilt – das Peilergebnis *ist* dann bereits die gesuchte Kompaßpeilung. Vom Praktizieren dieser zweiten Version auf Yachten muß jedoch dringend abgeraten werden, weil es fast ausgeschlossen ist, eine Yacht auch nur für kurze Zeit genau auf Kurs zu halten.
Prinzipiell ist das Verfahren mit dem Drehrahmenpeiler genau das gleiche. Auch hier hat man die Möglichkeit, die Peilung am Rahmen entweder auf die Mittschiffslinie oder auf den Kompaßkurs einzustellen,

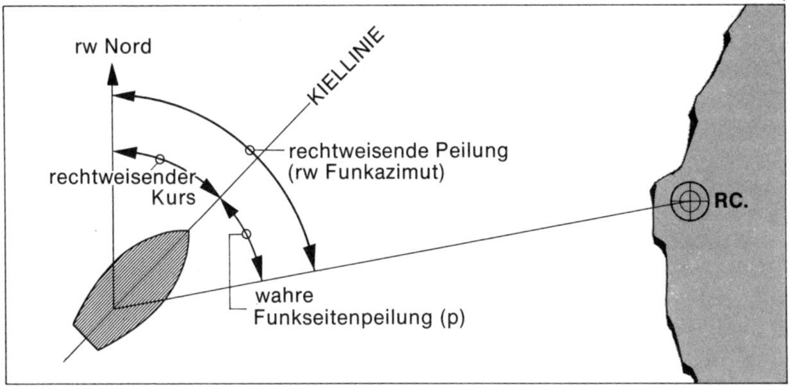

Abb. 12 Der besseren Übersicht wegen sind in dieser Abbildung Deviation und Mißweisung unberücksichtigt geblieben. Gezeigt wird der Winkel zwischen dem Funkfeuer an Land (gekennzeichnet durch den Kreis mit Kreuz und die beiden Kennbuchstaben RC.) und rechtweisend (rw) Nord. Dies ist also die von uns gesuchte rechtweisende Peilung, die auch rechtweisendes Funkazimut genannt wird. Der Winkel zwischen rechtweisend Nord und Kiellinie ist der rechtweisende Kurs, und der Winkel zwischen Kiellinie und wahrer Funkseitenpeilung wird durch das Ergebnis unserer Rechnung bestimmt.

und analog sind auch die Ergebnisse der Peilungen. Im ersten Fall erhält man eine Funkseitenpeilung, die durch Hinzunahme des während der Peilung anliegenden Kompaßkurses zur Kompaßpeilung vervollständigt wird, im zweiten Fall erhält man sofort die Seitenpeilung.
Wer es gewöhnt ist, mit der Peilscheibe zu arbeiten, der wird wissen, daß das Ablesen des Kompaßkurses im Augenblick der Peilung nicht unerhebliche Schwierigkeiten mit sich bringt. Der Rudergänger mag häufig nicht eingestehen, daß er ein paar Grad vom geforderten Kurs abgewichen ist, oder aber das Schiff giert stark, der Kompaß ist unruhig, was das genaue Ablesen erschwert.
Beim Arbeiten sowohl mit der Peilscheibe als auch mit dem Drehrahmenpeiler oder dem Goniopeiler ruft der das Peilgerät Bedienende in dem Moment, wo er das Objekt im Visier (bei der Peilscheibe) oder das Minimum im Kopfhörer bzw. am Meßinstrument (bei der Funkpeilung) aufgefaßt hat: „Achtung Null". Dies ist das Kommando für den Ruder-

gänger, den Kompaß abzulesen. Im Normalfall aber erfährt der Peilende nicht, wie korrekt das geschehen ist. Deshalb ist das genannte Verfahren mit einem nicht unerheblichen Unsicherheitsfaktor behaftet. Daß der Peilende selbst mit abliest, setzt voraus, daß sich in seinem Blickfeld ein zweiter, kompensierter und guter Kompaß befindet.
Drehrahmen und Goniorahmen sind von offizieller Seite akzeptiert und anerkannt, ungeachtet der unsicheren, besser gesagt: der vom Peilenden nicht überprüfbaren Kompaßablesung.
Wir werden später Vergleiche mit Handfunkpeilern anstellen, die von offizieller Seite gewissermaßen „geduldet", aber doch mehr oder weniger ignoriert werden. Bei diesen Geräten tritt der geschilderte Unsicherheitsfaktor nicht auf.

Von der Peilscheibe zum Funkpeiler – Ein paar gutgemeinte Ratschläge

Bevor wir uns mit dem so wichtigen Thema der Funkbeschickung befassen, noch ein Wort zum Funkpeilen selbst. Das terrestrische Peilen mit einer Peilscheibe oder einem Handpeilkompaß ist durch die optische Sichtweite begrenzt. Weiter als man bestimmte Punkte an Land optisch sehen kann, kann man auch nicht optisch peilen. Ein Peilfehler von 1 oder 2° auf eine Entfernung von 5 sm kann also nie besonders tragisch werden. Anders jedoch sieht es bei Funkpeilungen aus, denn sie werden meist in sehr viel größeren Entfernungen genommen.
Sehen wir uns den vom DHI herausgegebenen „Jachtfunkdienst", den „Sprechfunk für Küstenschiffahrt" oder den entsprechenden Band des „Nautischen Funkdienstes" an. In der Spalte, die dem Funkfeuer zugeordnet ist, ist meist auch seine *Reichweite* angegeben. Das bedeutet nicht etwa, daß dieses Funkfeuer in einer größeren Entfernung nicht mehr zu hören ist. Vielmehr sollen Peilungen dieses Funkfeuers über die Reichweite hinaus nicht genommen werden, weil gewisse Unsicherheiten auftreten können.
Zum Beispiel ist für das Feuerschiff Fehmarnbelt eine Reichweite von 30 sm angegeben. Peilen wir mit dem Funkpeiler auf 30 sm, dann müssen wir uns darüber im klaren sein, daß die Fehlermöglichkeit sehr viel größer ist als bei einer Sichtpeilung über eine Plathsche Peilscheibe. Damit soll hier eines klargestellt werden:

Jeder, der eine Peilung ausführt, muß sich über sein Können und die Zuverlässigkeit seiner Arbeitsweise stets von neuem Rechenschaft ablegen, muß sich über den Wert und die Zuverlässigkeit bzw. die Unzuverlässigkeit seiner Peilungen im klaren sein. Nur dann wird er die notwendige Sicherheit erlangen, um die Funkpeilung zuverlässig zur Schiffsführung einsetzen zu können.

Auch in diesem Zusammenhang sei nochmals darauf hingewiesen, daß jedes Ergebnis einer Ortsbestimmung wenn irgend möglich durch ein zweites Verfahren abgesichert werden sollte. Dieser Hinweis soll keineswegs die Funknavigation abqualifizieren, im Gegenteil: Wer durch solche Arbeitsweise sich selbst immer wieder bestätigt, wie gut er das Verfahren beherrscht und wie gut seine Anlage funktioniert, der wird auch dann seiner Funkpeilung sicher sein können, wenn er mal keine Möglichkeit zur Gegenkontrolle hat.

Beschickungen

Wenn auch, wie eingangs erwähnt, Kenntnisse in terrestrischer Navigation vorausgesetzt werden, so muß ich dennoch das eine oder andere rekapitulieren, um die Wichtigkeit der im nächsten Abschnitt beschriebenen Funkbeschickung zu untermauern.
Man erlebt es immer wieder, daß es auf einem Kurztörn zusammen mit Freunden zu Streitgesprächen bezüglich der Mißweisung, der Deviation und letztlich auch der Funkbeschickung kommt. Yachtskipper erregen sich nach wie vor darüber, daß im Unterricht auf Segelschulen häufig noch mit halben Graden oder noch kleineren Bruchteilen eines Grades gerechnet wird. (Ich halte das übrigens auch für sehr übertrieben und keineswegs für instruktiv.) Jedoch, daß Yachtskipper üblicherweise auch die Mißweisung, die beispielsweise in der mittleren Ostsee nur ca. $-2°$ beträgt, außer acht lassen, sollte man nicht widerspruchslos hinnehmen. Auch den Hinweis darauf: „Ich brauche keine Deviationstabelle, denn ich habe eine Kunststoffyacht, und bei mir beträgt die Deviation kaum 2°, so daß man sie ruhig vernachlässigen kann", darf man nicht unwidersprochen lassen. Begründet wird diese Leichtfertigkeit immer auf die gleiche Weise: „Auch ein aufmerksamer Rudergänger kann bei mittlerer See eine Yacht kaum besser als mit $\pm 5°$ Genauigkeit steuern.

Wie soll man denn da Fehler von 2° überhaupt in Anrechnung bringen!" Nun, diese Betrachtungsweise ist völlig falsch. Tatsächlich steuert ein Rudergänger, der gute ebenso wie der schlechte, ein Schiff immer – wie könnte es anders sein – plus-minus, das heißt, ein statistischer Fehler von 2° bleibt erhalten, auch wenn das Schiff mit ±10° Genauigkeit gesteuert wird. Mit anderen Worten: Auch wenn man sich den Kurs über Grund als eine gerade Linie vom Ausgangspunkt zum Zielort vorstellt, so ist der Weg durch das Wasser tatsächlich eine Sinuskurve, die mit mehr oder weniger großen Steigungen um die Kurslinie herumpendelt. Der Kursfehler geht also keineswegs durch das Pendeln verloren.

Hinzu kommt, daß die Gewöhnung an die ständige Vernachlässigung des Mißweisungswertes sich verhängnisvoll auswirken kann, wenn man sich einmal in Gebiete mit größerer Mißweisung begibt. Mißweisungen in Größenordnungen von 15° sind in nicht allzu fernen Segelrevieren durchaus anzutreffen. (Ganz abgesehen davon, daß es ja schließlich auch Gebiete der sogenannten unsicheren Mißweisung wie etwa bei Bornholm gibt, in denen man sich auf die Angabe des Steuerkompasses überhaupt nicht verlassen kann.)

Man muß sich bei solchen Betrachtungen stets vor Augen halten, daß ein Steuerfehler von 1° bezogen auf eine Entfernung von 60 sm einem Seitenfehler von 1 sm gleichkommt. Die Mißachtung eines größeren Mißweisungswertes führt zwangsläufig zu entsprechenden Größenordnungen. Geht man also mit Mißweisung und Deviation, mit der Beschickung für Wind und für Strom und schließlich mit der noch zu schildernden Funkbeschickung recht großzügig um, indem man sie einfach „vernachlässigt", dann kann das bei schlechtem, unsichtigem Wetter böse Folgen haben.

Die Funkbeschickung

Es wäre zu schön, wenn man das, was von der Übertragung des Verfahrens mit der Peilscheibe gesagt wurde, so einfach auf das Funkpeilverfahren anwenden könnte. Leider ist da aber noch etwas, was wir berücksichtigen müssen.

Ähnlich wie die Deviationstabelle, die für unser Schiff aufgestellt wurde

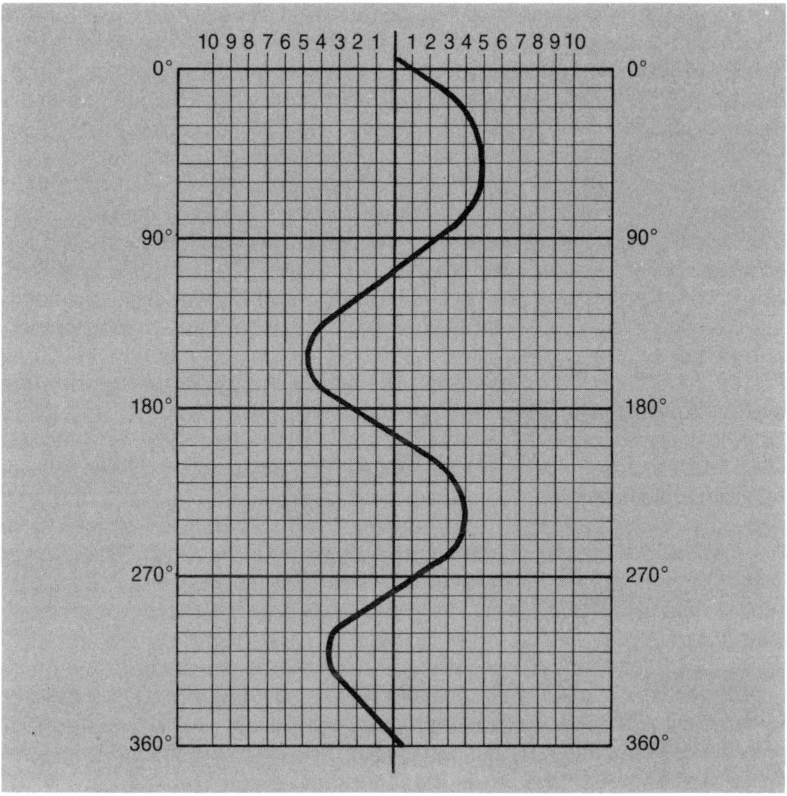

Abb. 13 Funkbeschickungskurve.

und die nur für dieses Schiff gilt, gibt es auch eine Funkbeschickungstabelle, die ebenfalls spezifisch für unser Schiff ist und praktisch in der gleichen Weise ermittelt werden muß, wie wir das für die Deviationstabelle gelernt haben. Erst die Berücksichtigung des aus der Tabelle entnommenen Beschickungswertes und dessen Addition mit dem Wert der zunächst gewonnenen *rohen Funkseitenpeilung* führt uns zur benötigten *wahren Funkseitenpeilung.*

Dazu müssen wir zunächst einmal eine solche Tabelle haben. Es gibt in Deutschland besondere Funkbeschickungssender, die allerdings nur auf Anforderung und dann gegen Gebühr senden. Sie arbeiten auf der Frequenz 312,6 kHz. Man kann aber auch jedes andere Funkfeuer benutzen, vorausgesetzt, daß es zu sehen und optisch zu peilen ist. *Achtung! Nicht das Sendehaus ist der Sender.*
Ausgangspunkt unserer Welle ist die *Sendeantenne,* und nur die wird angepeilt. Die Peilentfernung soll etwa eine Seemeile betragen und das Wasser möglichst ruhig sein. Wir justieren nunmehr unsere Peilscheibe in Kielrichtung und lassen das Schiff eine Drehung um 360° ausführen. Dabei peilen wir mit Peilscheibe und Funkpeiler gleichzeitig von 10 zu 10°. Das Ablesen der beiden Geräte muß zu ein und derselben Zeit erfolgen.
Für den Anfänger ist es zweckmäßig, diese Übung mindestens dreimal hintereinander zu machen, um Vergleichsmöglichkeiten zu haben. Auf keinen Fall sollte man sich auf sein erstes Ergebnis verlassen.
Die Differenzen zwischen optischer und Funkseitenpeilung werden am besten zunächst als Kurve auf Millimeterpapier aufgezeichnet. So kann man später gut erkennen, ob irgendwelche Meßpunkte völlig aus dem Rahmen fallen und der nochmaligen Überprüfung bedürfen. Dabei trägt man zweckmäßig an der senkrechten Achse die Ziffern der Peilscheibe (Rose) von 10 bis 360° auf und an der waagerechten Achse die Fehlerwerte (Abb. 13).
Da es sich beim Ablesen sowohl der Peilscheibe als auch des Peilrahmens um reine Seitenpeilungen handelt, bleibt bei der Aufnahme der Funkbeschickung der Kompaß völlig außer Betracht. Etwas kritisch ist die Funkbeschickung von Segelyachten. Sie sind durch das stehende Gut ohnehin meist stärker für Ablenkungen anfällig als andere Schiffe. Die Ablenkungswerte können sich auch durch verschiedene Größe und verschiedene Zustände (Nässe) der Besegelung ändern. Segler, die über größere Distanzen reisen, sollten ihre Funkbeschickung doppelt aufnehmen lassen, einmal unter Vollzeug, einmal unter Sturmbesegelung. Stellt sich heraus, daß die Differenzen gering sind, mag man mit einer Tafel auskommen. Andernfalls ist es schon besser, mit zwei Tafeln zu arbeiten. Bei der Großschiffahrt werden ganze Beschickungsreihen aufgenommen, da sich die Werte auch durch Ladezustand und Tiefgang ändern.

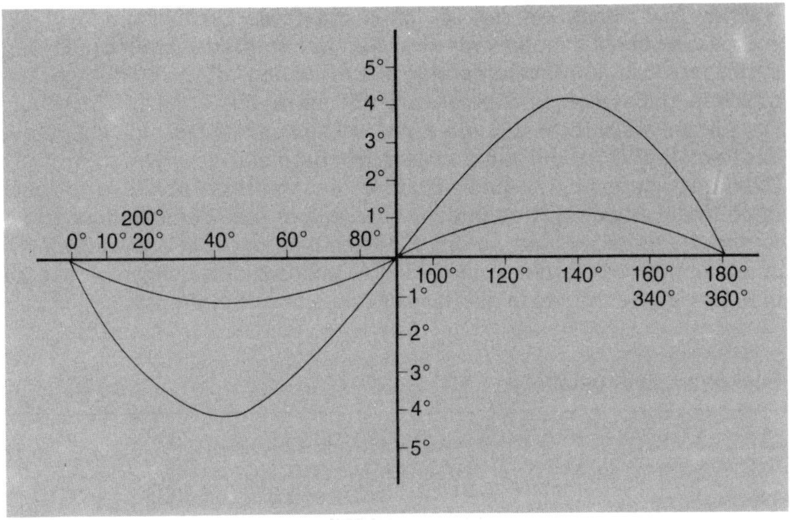

Abb. 14 Kurven zur Krängungsbeschickung: äußere Kurve für Krängung von ca. 30°, innere Kurve für eine solche von ca. 15°. Die Krängungswerte in Grad sind jeweils zu der rohen Funkseitenpeilung zu addieren.

Eine dritte Schwierigkeit bei Segelyachten ist die Krängung; sie kann die Funkbeschickungswerte erheblich verschieben. Nun kann man zwei Wege gehen, um die Krängungsbeschickung auszugleichen, von denen der erste bei kritischen Fällen sicherlich der zuverlässigere ist: Man bringt das Schiff für die Zeit des Peilens auf ebenen Kiel und hat damit die Krängung eliminiert. Für diejenigen, die gerne rechnen, sei hier auch noch eine Krängungsbeschickungskurve dargestellt (Abb. 14), die recht brauchbare Hinweise ergibt. Sie setzt voraus, daß das Schiff einen gut funktionierenden Krängungsmesser (Klinometer) besitzt, der im Augenblick der Peilung korrekt abgelesen werden kann (was insbesondere bei kleineren Yachten nicht so ohne weiteres möglich ist).
Bei der Aufnahme der Differenzen zwischen optischer und Funkpeilung und deren Übertragen auf Millimeterpapier ergeben sich also die *Fehler* von 10 zu 10°. Verbinden wir mittels Kurvenlineal die Fehlerpunkte miteinander, so erhalten wir eine *Fehlerkurve* für alle Werte.

Nehmen wir einmal an, bei 50° habe die Fehlerkurve einen Wert von – 5°. Dann heißt das, daß wir zwischen der wahren Richtung und dem Peilergebnis eine Minusdifferenz von 5° haben, die wir dadurch ausgleichen, daß wir an den Fehlerwert +5° antragen.
Daraus ist ersichtlich, daß die Funkbeschickungskurve ein Spiegelbild der Fehlerkurve um die senkrechte Achse darstellt.
Die daraus abgeleitete Tabelle ist dann die gesuchte *Funkbeschickungstafel.* In der Praxis wird man den Umweg über eine herzustellende Fehlerkurve vermeiden und sofort durch Umkehrung der Vorzeichen der abgelesenen Werte die Punkte der Funkbeschickungskurve festlegen und die gleichen Werte in die Beschickungstabelle eintragen.

Funkbeschickungstabelle

10° = +3	100° = +1	190° = −1	280° = 0
20° = +4	110° = 0	200° = +1	290° = −2
30° = +4	120° = −2	210° = +3	300° = −3
40° = +5	130° = −3	220° = +3	310° = −4
50° = +5	140° = −4	230° = +4	320° = −4
60° = +5	150° = −5	240° = +5	330° = −2
70° = +4	160° = −5	250° = +4	340° = −2
80° = +4	170° = −4	260° = +3	350° = 0
90° = +3	180° = −2	270° = +1	360° = +1

Zum besseren Verständnis sei hier nochmals erwähnt, daß der zur Funkbeschickung führende Fehler ein Fehler des Schiffes ist. Die Funkwelle pflanzt sich von ihrem Ausgangspunkt aus geradlinig fort und erfährt ihre störende Ablenkung erst unmittelbar am Schiff selbst. Dabei sind die ablenkenden Faktoren verschieden groß: Ein großes Stahlschiff hat völlig andere Ablenkungswerte als eine kleine Kunststoffyacht. Und wie wir schon bei der Deviation festgestellt haben, kann es durchaus sein, daß die Funkbeschickungswerte außerordentlich klein sind. Niemals aber sollte man sich zu der Annahme verleiten lassen, daß eine Deviationstabelle mit nur einem ganz kleinen Ablenkungswert auch genauso kleine Funkbeschickungswerte zur Folge hätte, und

dann etwa auf die Funkbeschickung verzichten. Ein solcher Rückschluß wäre irrig und gefährlich.
Bevor ich zur Vorstellung einzelner Geräte übergehe, soll festgehalten werden, daß der Drehrahmenpeiler und alle später zu beschreibenden Goniopeiler oder auf Meßverfahren mit Kreuzrahmen basierende Peiler *ortsfeste Peilgeräte* sind. Zunächst jedoch werden die Handfunkpeiler erläutert, die nicht ortsgebunden sind, mit einer Ausnahme: Die in Yachtskipperkreisen wohlbekannte Peilsonde von Ramert, die außer an von Ramert hergestellten Empfängern auch an einer ganzen Reihe geeigneter Kofferempfänger betrieben werden kann, ist ortsfest. Das ist wichtig, weil eine Funkbeschickungstabelle nur für eine ortsfeste Antenne aufgenommen werden kann. Ebenso wie sich eine Deviationstabelle nur für einen ortsgebundenen Kompaß erstellen läßt.

Handfunkpeiler

Handfunkpeiler – und davon gibt es eine ganze Reihe – gehören wohl zu den am meisten verbreiteten Peilanlagen auf Yachten überhaupt; sie basieren auf dem Prinzip des Handpeilkompasses. So ein Handpeilkompaß ist eine nicht ortsgebundene Peilvorrichtung, die aus einem guten Kompaß besteht, der direkt oder über ein Prismensystem abgelesen werden kann, während man gleichzeitig den Steuerstrich über eine Kimme im Prisma mit dem zu peilenden Objekt durch eine gedachte Linie verbindet und den von der Rose gezeigten Wert abliest. Im Gegensatz zum Arbeiten mit der Plathschen Peilscheibe gibt es hier bemerkenswerte Vorteile:

- Der Peilende liest den Kompaßwert selbst ab; die durch das Ablesen durch eine zweite Person bedingte Unsicherheit ist also ausgeschlossen.
- Der abgelesene Wert ist bereits eine Kompaßpeilung!
- Die Peilung kann von der jeweils günstigsten Stelle des Schiffes aus genommen werden.
- Nur *eine* Person ist mit der Peilung befaßt.

Unbestreitbarer Nachteil des Handpeilkompasses: Es gibt für ihn keine Deviationstabelle, und *man hüte sich davor, etwa jene des Steuerkom-*

passes mitverwenden zu wollen. (Ganz Schlaue sollen schon auf die Idee gekommen sein, sich mit dem Handpeilkompaß ganz dicht an den Steuerkompaß zu stellen, um auf diese Weise gleiche Verhältnisse wie für den Steuerkompaß zu schaffen. Das ist natürlich großer Unfug, denn dabei lenken sich die beiden Kompasse gegenseitig ab.)
Aber ist diese Fehlerquelle wirklich so groß? Nun, wenn man die Möglichkeit hat, die Antenne, also den Ferritstab, möglichst weit aus dem inneren Kreis des Schiffes, womit ich das durch Seereling, Bugkorb und Heckkorb gebildete Oval meine, herauszuhalten, dann kann man mit Sicherheit mit einer wesentlichen Verkleinerung der Deviation, aber auch der Funkablenkungswerte rechnen. Und wenn Ramert aus Kiel der Ansicht ist, daß Antennen, die nach achtern aus einem Segelboot herausragen, unter Umständen oder gar häufig bessere Werte hergeben als ein auf dem Masttopp angebrachter Goniorahmen, dann bin ich weit davon entfernt, dies zu bestreiten. Allerdings: Mit der offiziellen Lehrmeinung ist diese Ansicht nicht in Einklang zu bringen.

Goniometerpeiler

Wie schon gesagt, ist der Drehrahmenpeiler im Verschwinden begriffen, und man sieht auf Motor- und Segelyachten immer häufiger die gekreuzten Rahmen von Goniometeranlagen.
Goniometeranlagen sind heute auch für Yachten weitgehend automatisiert, das heißt, der Peilende hat nur noch die richtige Frequenz einzustellen, anhand der Kennung zu kontrollieren, ob auch das richtige Funkfeuer eingestellt ist, gegebenenfalls zur bestmöglichen Abstimmung mit Hilfe des bfo auf Schwebungslücke abzustimmen (das wird noch beschrieben – siehe Seite 53) und schließlich die Peilautomatik auszulösen. Das Gerät zeigt dann die *rohe Funkseitenpeilung,* ohne daß der Peilende weiter an irgendwelchen Geräten drehen muß, um das Minimum von Hand zu ermitteln. So genau, wie ein automatischer Goniopeiler ein Minimum ermittelt (wenn er hundertprozentig in Ordnung ist), kann der Mensch das natürlich nicht.
Früher haben sich Segler, insbesondere Eigner von Slups, heftig gegen Goniorahmen gewehrt, und in der Tat: Der Masttopp einer Slup sieht recht abenteuerlich aus, wenn dort oben ein Kreuzrahmen, die Geber

für Windgeschwindigkeitsmessung und Windrichtungsanzeiger, heute natürlich auch noch die Stabantenne der UKW-Sprechfunkanlage, na, und letztlich auch noch irgendwo der Stander angebracht sind. Doch nach und nach setzen sich hier gegenüber der Schönheit Zweckmäßigkeit und Vernunft durch. Ein sicherer Standort, so wie man ihn mit einer guten Gonioanlage erzielen kann, ist etwas wert.

Das Einpfeifen*

Bei Sendern, die im Sendeverfahren A 1 senden, muß man, um die Töne hörbar zu machen, einen Überlagerer einschalten. Der Überlagerer (häufig auch mit den Buchstaben bfo = *beat frequency oscillator* gekennzeichnet) erzeugt eine Frequenz, die, mit der empfangenen Frequenz gemischt (überlagert), einen hörbaren Pfeifton erzeugt. Schaltet man einen solchen Überlagerer zu einem im A 3-Verfahren sendenden Sender, so ergibt sich ein andauernder Heulton.
Wenn man an der Abstimmung dreht, so beobachtet man folgende Erscheinung: Beim Drehen nach der einen Seite wird der hörbare Ton in seiner Frequenz höher, nach der anderen Seite niedriger. Dreht man vorsichtig so weit, bis der Ton seinen tiefsten Punkt erreicht hat, dann verschwindet er fast völlig**, um beim weiteren Drehen in derselben Richtung wieder anzusteigen.
Es ist beinahe wie beim Peilen: Man sucht hier nach der Stelle des tiefsten Tons oder gar nach dem Aufhören des Überlagerungstons. *Diese Stelle ist wichtig, denn sie ist der Punkt, wo wir das Optimum an Genauigkeit der Einstellung unseres gewählten Senders erreicht haben.* Der bfo wird nunmehr wieder abgeschaltet, und wir haben unseren Sender genau eingestellt – eine zwingende Voraussetzung zum Erreichen eines brauchbaren Minimums.

** Die Beherrschung der Handhabung des Einpfeifens wird auch bei der Prüfung zum Allgemeinen Sprechfunkzeugnis verlangt.*

*** Die Stelle des Verschwindens nennt man „Schwebungslücke“.*

Der Weg zur Praxis

Wir wollen nun einen Funkpeilvorgang theoretisch durchspielen. Zu diesem Gedankenexperiment bedienen wir uns der Einfachheit halber wieder des klassischen Drehrahmenpeilers, und wir wollen so tun, als wenn wir mit einer Plathschen Peilscheibe arbeiten. Wir nehmen an, daß wir uns in der Lübecker Bucht befinden und das Kreisfunkfeuer Travemünde peilen wollen. Wir finden es im SfK („Sprechfunk für Küstenschiffahrt") im Abschnitt D auf Blatt D-1-2 unter der Nummer 2018 k.

Da steht dann: *Travemünde* und: *Frequenz* 301,1 kHz.
Und dann: *Kennung* TD, dann noch: *Sendefolge* 1, 3, 5.
Und schließlich: *Klarwettersendung* h + 00–60.

Der Begriff *Travemünde* ist klar, den hatten wir aufsuchen wollen.

Frequenz: Das ist die Frequenz, die wir jetzt auf unserem Empfänger sorgfältig einstellen müssen. (Dabei darf man sich nicht davon irritieren lassen, daß die Skalen von so kleinen Empfängern, wie sie üblicherweise auf Yachten benutzt werden, keine so feine Teilung haben, daß man noch Stellen hinter dem Komma ablesen könnte. Manchmal gibt es da sogar noch gewisse Verschiebungen, so daß man, je kleiner der Empfänger, desto ungenauer die Skala, auf deren unbedingte Genauigkeit nicht bauen sollte.) Am besten sollte man sich immer des Einpfeifens bedienen (siehe Seite 53).

Kennung TD: Damit sind die Morsezeichen für den Buchstaben T und den Buchstaben D gemeint. Wir finden sie in der Morsezeichentafel auf Seite 60, im „Jachtfunkdienst" oder SfK. Diese Zeichen leiten jeweils das Funkpeilsignal ein. Jedes der Funkfeuer stellt sich mit solchen Kennbuchstaben vor und gibt uns damit die Möglichkeit, genau festzustellen, ob wir auch das richtige erwischt haben, selbst für den Fall, daß unsere Empfängerskala nicht genau stimmt.

Sendefolge 1, 3, 5 heißt: Die Peilsendung, die wir hören wollen, beginnt in der ersten, dritten, fünften Minute usw.

Klarwettersendung h+00−60 bedeutet, daß diese Peilsendung ununterbrochen erfolgt, also auch bei sichtigem Wetter.
(Das ist keineswegs bei allen Funkfeuern der Fall. Manche senden bei Klarwetter gar nicht, andere haben bestimmte Sendezeiten. Sorgfältig auf die Sendezeiten achten, sonst sucht man möglicherweise einen Sender, der gerade Pause hat.)

Nun ist es soweit: Die richtige Frequenz ist am Empfänger eingestellt, die richtige Kennung einwandfrei erkannt, der nachfolgende Peildauerton gibt uns die Möglichkeit, in aller Ruhe das *Minimum* zu suchen.
Nun, nachdem wir das Minimum haben, lesen wir, genau wie bei der Plathschen Scheibe, die *Seitenpeilung* ab (siehe Seite 42).
Die Vorbehalte, die früher für das Verfahren b) mit der Peilscheibe gemacht wurden, haben auch hier Gültigkeit, so daß man vielleicht besser das Verfahren a) anwenden wird. Also: Die Teilung des Peilrahmens wird auf die Vorausrichtung eingestellt und dann wie früher verfahren.
Das Ergebnis ist nunmehr eine *Seitenpeilung,* genauer: eine *rohe Funkseitenpeilung.* Diese rohe Funkseitenpeilung wird mit dem Wert für den anliegenden Kompaßkurs aus unserer Funkbeschickungstabelle zur *wahren Funkseitenpeilung* beschickt, und der Peilvorgang ist komplett.

Ganz gleich, womit man auch peilt: Die Ermittlung des Minimums sollte in jedem Fall mehrere Male hintereinander vorgenommen und notiert werden. Dabei soll man – wenn es sich nicht um einen Automatikpeiler handelt – jeweils abwechselnd von der linken und von der rechten Seite an das Minimum herangehen (um auf diese Weise vielleicht vorhandene Schleppfehler billiger Kompasse auszugleichen, wie sie auf Handfunkpeilern zuweilen verwendet werden). Beim Betrachten der Ergebnisse wird sich sehr schnell herausstellen, inwieweit sich die Zahlen decken, ob eventuell größere Abweichungen vorhanden sind oder ob einzelne Werte weitabliegen.
Der Verfasser hat in vielen Jahren funknavigatorischen Unterrichtes Schüler immer wieder verschiedene Objekte peilen und sie dabei förmliche Peilreihen aufstellen lassen. Das Ergebnis war stets das gleiche: Je häufiger nacheinander gepeilt wurde, desto besser wurden schließ-

lich die Werte. Man übt sich im Erkennen des Zeigerausschlages des anzeigenden Meßinstrumentes, man übt sich beim Hören des Peilminimums, und man übt sich auch beim korrekten Ablesen des Anzeigeteiles eines Automatikpeilers.
Hat man beim schulmäßigen Peilverfahren im Augenblick der Auffassung des Minimums „Achtung Null!" gerufen, dann hat entsprechend auch der Rudergänger den in diesem Augenblick anliegenden Kompaßkurs ausgerufen. Und damit liegen dem am Peiler Sitzenden folgende Werte vor: der Kompaßkurs und die rohe Funkseitenpeilung. Der rechnerische Zusammenhang ist bekannt:

Kompaßkurs + Seitenpeilung = Kompaßpeilung

Nun gilt es, die notwendigen Berichtigungen anzubringen:
1. Funkbeschickung
2. Deviation
3. Ortsmißweisung

Dabei geht es um das Wie und um die richtige Reihenfolge. Bevor wir uns für unsere zukünftige Praxis diese Reihenfolge stur und eisern einprägen, wollen wir zu verstehen versuchen, warum das so ist. Gleichzeitig sollen die allgemeingültigen Bezeichnungen für die einzelnen Werte eingeführt werden.
Den von unserem Peilorgan abgelesenen Wert nennt man *rohe Funkseitenpeilung* (Kurzzeichen q). Nehmen wir einmal an, wir hätten an der Skala 165° abgelesen. Dann ist dieser Wert der Winkel zwischen Mittschiffsrichtung und Peilergebnis. Denken wir jetzt zurück, wie die Funkbeschickung aufgenommen wurde, dann ist klar, wie wir diesen Wert berichtigen müssen.
Den Funkbeschickungswert, Kurzzeichen f, entnehmen wir aus der Funkbeschickungstafel des Bootes. Für dieses Beispiel sei er der Beschickungstafel auf Seite 50 entnommen.
Da wir beim Funkpeilen immer vom *Falschen zum Wahren* kommen, brauchen wir um das Vorzeichen des Beschickungswertes keine Sorge zu haben; er wird so eingesetzt, wie er in der Tafel steht.
Also:

rohe Funkseitenpeilung (q)	165°
Funkbeschickung f für 165° aus Tab.	− 5°
wahre Funkseitenpeilung (p)	160°

Das Ergebnis ist die

wahre Funkseitenpeilung,

bezeichnet Kurzzeichen p.
Der Rudergänger hatte auf Kommando den zur Zeit des Peilens *tatsächlich anliegenden* Kurs ausgerufen. (Je kleiner das Schiff, desto unwahrscheinlicher, daß der *befohlene* Kurs gerade angelegen hat.)
Also:

Kompaßkurs zur Zeit der Peilung	208°
Deviation für 208° aus Tabelle	+ 7°
mißweisender Kurs	215°

Es ist klar, daß der Wert der Deviation aus der Tabelle des Schiffes für den *anliegenden* Kurs genommen werden muß. (Kompaßkurs und Deviationswert wurden für dieses Beispiel frei gewählt.)
Weiter:

mißweisender Kurs	215°
Ortsmißweisung aus Karte	+ 3°
rechtweisender Kurs zur Zeit der Peilung	218°

Und schließlich:

rechtweisender Kurs	218°
wahre Funkseitenpeilung (p)	+160°
rechtweisende Peilung, auch rw Funkazimut genannt	378°
	−360°
rechtweisende Peilung	18°

Für die Bordpraxis wird die Rechnung zusammengezogen, und man schreibt abgekürzt:

q =	165°
f =	− 5°
p =	160°
KpK z. Z. der Peilung	208°
Fehlweisung	+ 10°
rwK	218°
p	+160°
	378°
	−360°
rwP	18°

Die verflixten Morsezeichen

„Wenn ich, um ein Funkpeilgerät benutzen zu können, etwa noch das Morsen erlernen soll, dann kann mir die ganze Funkpeilerei, so schön sie sonst auch sein mag, gestohlen bleiben, und ich will lieber nach der alten Methode weitermachen." Wie oft habe ich diese und ähnliche Worte aus dem Munde von Sportschiffern hören müssen. Die Scheu vor Morsezeichen ist weitverbreitet. Offenbar haben sie etwas Geheimnisvolles an sich.

Nun, wir wollen funkpeilen, und so kommen wir an den Morsezeichen nicht ganz vorbei. Aber wir brauchen deshalb nicht morsen zu können oder Morsezeichen auswendig zu lernen.

Wenn wir bei Nachtfahrten aus dem Leuchtfeuerverzeichnis die *Kennung* eines Feuers entnehmen, dann prägen wir uns diese Kennung ja auch ein und stehen dann mit der Stoppuhr an Deck, um die Kennung des von uns gesichteten Feuers mit der eben eingeprägten zu vergleichen. Das gleiche tun wir mit den Morsezeichen. Nun handelt es sich ja hierbei nicht um sichtbare, sondern um hörbare Signale, die wir aus dem „Sprechfunk für Küstenschiffahrt" als Buchstaben entnehmen. Diese Buchstaben setzen wir um in Punkte und Striche.

Aber wir wollen uns von dem Begriff Punkte und Striche freimachen. Wir wollen versuchen, die Morsezeichen als eine zwar etwas eintönige, aber doch rhythmische Form von *Musik* zu betrachten.

Wir bedienen uns dazu der Lautmalerei. Dem Strich ordnen wir den Laut *daaaa* zu, dem Punkt den ganz kurz gesprochenen Laut *di*. In der Praxis hat es sich als zweckmäßig erwiesen und es kommt auch unserem musikalischen Empfinden am nächsten, wenn wir einen solchen Punkt, also ein solches *di*, das allein oder am Ende einer Zeichengruppe steht, mit *dit* bezeichnen. Der Buchstabe *e* des Morsealphabetes ist geschrieben ein · *Punkt*, heißt also in unserer Lautmalerei: *dit*. Der Buchstabe *a* geschrieben · — *Punkt Strich*, Lautmalerei: · — *di da*. Der Buchstabe *x* geschrieben — · · — *Strich Punkt Punkt Strich*, Lautmalerei: — · · — *da di di da*. Und noch ein Buchstabe, das *z*, geschrieben — — · · *Strich Strich Punkt Punkt*, Lautmalerei: — — · · *da da di dit*.

Was soll nun eigentlich dieser *Dadaditismus?*

Wir entnehmen aus dem SfK die Kennung von Leuchtturm Kiel. Sie lautet *KI.* Lautmalerei also – · – · · *da di da di dit.* Wenn wir uns diesen Laut vorsingen oder etwa vorpfeifen, dann wird sich diese Lautgruppe dem Gedächtnis unschwer einprägen, und wir werden, wenn wir den Peiler einschalten und Morsezeichen aus dem Lautsprecher oder Kopfhörer hören, in der Fülle der Signale, die uns möglicherweise in der Nähe unserer eingestellten Frequenzen entgegenklingen, unschwer das uns geläufige Signal *wiedererkennen.* Das ist ganz besonders dann wichtig, wenn mehrere Funkfeuer auf der gleichen Frequenz arbeiten oder die Trennschärfe des Empfängers nicht ausreicht, ein sehr benachbartes Funkfeuer auszusieben (frequenzmäßig benachbart heißt nicht geographisch benachbart).
Wer sich bisher die Kennung des zu peilenden Funkfeuers in Punkten und Strichen auf einen Zettel geschrieben und dann versucht hat, sie beim Hören damit zu vergleichen, der wird diese bei den Berufsfunkern tausendfach bewährte Dadida-Methode sehr schnell erfreut aufgreifen.

Morsezeichentafel

Diese Morsezeichentafel enthält keine Umlaute. Die Buchstaben ä, ö und ü sind in normalen internationalen Morsealphabeten nicht gebräuchlich. Sofern ein ausländisches Funkfeuer eine Kennung mit einem Umlaut enthält, so ist dieses Morsezeichen im dazugehörigen Text jeweils besonders ausgedruckt.

A, a	*di da* • —	M, m	*da da* — —	Y, y	*da di da da* — • — —
B, b	*da di di dit* — • • •	N, n	*da dit* — •	Z, z	*da da di dit* — — • •
C, c	*da di da dit* — • — •	O, o	*da da da* — — —	1	*di da da da da* • — — — —
D, d	*da di dit* — • •	P, p	*di da da dit* • — — •	2	*di di da da da* • • — — —
E, e	*dit* •	Q, q	*da da di da* — — • —	3	*di di di da da* • • • — —
F, f	*di di da dit* • • — •	R, r	*di da dit* • — •	4	*di di di di da* • • • • —
G, g	*da da dit* — — •	S, s	*di di dit* • • •	5	*di di di di dit* • • • • •
H, h	*di di di dit* • • • •	T, t	*da* —	6	*da di di di dit* — • • • •
I, i	*di dit* • •	U, u	*di di da* • • —	7	*da da di di dit* — — • • •
J, j	*di da da da* • — — —	V, v	*di di di da* • • • —	8	*da da da di dit* — — — • •
K, k	*da di da* — • —	W, w	*di da da* • — —	9	*da da da da dit* — — — — •
L, l	*di da di dit* • — • •	X, x	*da di di da* — • • —	0	*da da da da da* — — — — —

Beispiel einer Funkortung

durch Peilen dreier Sender auf einer gemeinsamen Frequenz

Siehe dazu die ausklappbare Kartenskizze am Ende des Buches (Abb. 49). Die hier dargestellte Aufgabe ist in der Seekarte D 64 nachzuzeichnen. Als Mißweisung werden – 2° angenommen; die Ablenkung für den rechtweisenden Kurs von 247° wird mit – 6° frei gewählt.
Eine Yacht hat, auf Südkurs aus dem Großen Belt kommend, den Leuchtturm Kjelds Nor auf der Südspitze der Insel Langeland in 2 sm Abstand passiert. 40 Minuten später wird bei aufkommendem Nebel an Steuerbord die Blitztonne Blz. (2) ausgemacht.
Von hier aus wird Kurs auf Eckernförde abgesetzt, der rechtweisende Kurs mit 247° ermittelt.
Etwa eine Stunde und 40 Minuten später führt die Yacht zur Standortbestimmung eine Funkortung durch, da eine optische Peilung nicht mehr möglich und mit Stromversetzung zu rechnen ist. Der *gegißte* Ort, an dem das Schiff zu dieser Zeit stehen müßte, ist auf der Kurslinie mit einem Kreuz gekennzeichnet.
Ein Sportschiffer, der häufiger in diesem Seegebiet fährt, weiß, welche Funkfeuer er an seinem Empfänger einzustellen hat, um eine Funkortung zu machen. Wir wollen aber in diesem Beispiel davon ausgehen, daß der Schiffsführung dies nicht bekannt ist; die Funkfeuer müssen also ermittelt werden. Dazu gibt es an Bord entweder den „Jachtfunkdienst", den „Sprechfunk für Küstenschiffahrt" (SfK) oder den „Nautischen Funkdienst". In allen diesen Büchern gibt es eine bzw. mehrere „Karten der Seefunkfeuer" mit den Funkfeuern bestimmter Fahrtgebiete. Häufig sind diese Funkfeuer durch schwarze Striche miteinander verbunden. Das bedeutet, daß sie nach einem bestimmten System auf einer *gemeinsamen* Frequenz senden.
Für unser Beispiel suchen wir uns die drei Funkfeuer *Kiel, Fehmarnbelt* und *Neuland* heraus.
Im Verzeichnis der See- und Flugfunkfeuer des SfK finden wir die drei Kreisfunkfeuer unter der Nummer 2018. Sie stehen dort, durch zwei Linien von den anderen Funkfeuern getrennt, untereinander. Das be-

deutet, daß sie eine gemeinsame Frequenz haben – was wir bereits aus der Karte der Seefunkfeuer wissen. Neben jedem dieser Kreisfunkfeuer ist seine geographische Lage nach Länge und Breite angegeben. (Das versetzt den Seefunker in die Lage, sich ein Funkfeuer in eine Seekarte einzuzeichnen, in der es vielleicht nicht vorhanden ist.) Darunter steht die gemeinsame Sendefrequenz, im Falle von Kiel, Fehmarnbelt und Neuland 294,2 kHz. Von der Stelle hinter dem Komma sollte man sich nicht irritieren lassen. Die Abstimmung von Langwellensendern ist mit Geräten, wie sie in der Sportschiffahrt gefahren werden, so genau meist nicht möglich. Der einzige (der in diesem Buch aufgeführten) Peiler, bei dem die Dezimalstelle berücksichtigt werden kann und muß, ist der DDF 300. Im übrigen wird zur möglichst genauen Abstimmung die Methode des Einpfeifens dringend empfohlen.
Darüber hinaus sind die *Kennungen* der Funkfeuer angegeben:

Kiel = KI
Fehmarnbelt = FE
Neuland = NL
Nach dem bereits bekannten Verfahren ermitteln wir die Morsezeichen für die drei Kennungen und prägen sie uns ein:

– · – (K) · · (I)
· · – · (F) · (E)
– · (N) · – · · (L)

Die *Reichweite* der drei Kreisfunkfeuer wird mit 30 sm angegeben. Und schließlich kommt etwas sehr Wichtiges: die *Sendefolge.* Die drei Sender arbeiten in einem 6-Minuten-Zyklus, das heißt: Kiel kommt jeweils in der 1. und 4. Minute, Fehmarnbelt in der 2. und 5. und Neuland in der 3. und 6. Minute. Wer über eine Quarzuhr verfügt, kann feststellen, wann welcher Sender gerade sendet; dann kann unter Umständen auf die Ermittlung der Morsezeichen verzichtet werden. (In dem erwähnten Peiler DDF 300 ist deshalb sogar eine 6-Minuten-Quarzuhr eingebaut.) Nach Beendigung eines 6-Minuten-Zyklus beginnt das Ganze wieder von vorn.
Die Angabe *Klarwettersendung 00–60* bedeutet, daß alle drei Funkfeuer ununterbrochen arbeiten, was keineswegs bei allen Funkfeuern der Fall ist. Es gibt einige, die bei klarem Wetter nicht senden. Da heißt

Alfred Stahnke Funknavigation

FUNKPEILBLATT

Yacht: TAFFY	Fahrt:	Dat.:	Uhrzeit: 16.00
Rufz.: DA 3288	Funker: Sta	Karte: D 64	Zu Logb. Seite: 16

Funkfeuer:	Kiel	Fehmarnbelt	Neuland
Frequenz:	a) 294,2	b) 294,2	c) 294,2
Kennung:	KI	FE	NL
in Morsezeichen:	— · — · ·	· · — · ·	— · · — · ·
Lautsymbole:	da dida didit	didida dit dit	dadit didadi dit

min: 0 5 10 15 20 25 30 35 40 45 50 55 60

Sendefolge: a) b) c)

Zyklen: 1 2 3 4 5 6 1 2 3 4 5 6 1 2 3 4 5 6 1 2 3 4 5 6 1 2 3 4 5 6 1 2 3 4 5 6 1 2 3 4 5 6 1 2 3 4 5 6 1 2 3 4 5 6 1 2 3 4 5 6

	1.	2.	3.	1.	2.	3.	1.	2.	3.
rohe Funkseitenplg. p:	355°			205°			304°		
Funkbeschickung f:	+ 0°			+ 3°			− 3°		
wahre Funkseitenpl. q	355°			208°			301°		
Anlieg. Kompass-Kurs	255°			255°			255°		
Ablenkung:	− 6°			− 6°			− 6°		
Missw.-Kurs:	249°			249°			249°		
Ortsmisswsg:	− 2°			− 2°			− 2°		
Rechtw.-Kurs	247°			247°			247°		
q (aus Zeile 3)	355°			208°			301°		
ggfs. − 360°	−360°			−360°			−360°		
Rechtw. Peilung	242°			95°			188°		
Loxodrombesch.									

Consolauswertung:

Consol 1: ________ Frequ.: ____ kHz Kennung: ________ Signal beg. mit: ____ Sektor: ____

Consol 2: ________ Frequ.: ____ kHz Kennung: ________ Signal beg. mit: ____ Sektor: ____

	Consol 1						Consol 2					
gezählte Zeichen vor Gleichs.:												
gezählte Zeichen nach Gleichs.:												
Summe:												
Differenz zu 60												
halbe Differenz												
+ Zeile 1												
Summe:												
gemittelt:												

Abb. 15 Funkpeilblatt.

es dann: „Klarwettersendung: keine". Eine Reihe von Funkfeuern sendet bei Klarwetter nur zu bestimmten Zeiten und nur für einige Minuten. Wir stellen nun an unserem Empfänger die Frequenz 294,2 kHz ein und nehmen die Peilung in der Art vor, wie sie für das an Bord befindliche Gerät vorgeschrieben ist. Das Ergebnis möge sein: eine rohe Funkseitenpeilung für Kiel 355°, für Fehmarnbelt 205° und für Neuland 304°. Der Rechenvorgang ist auf dem Funkpeilblatt (Abb. 15) aufgezeigt.*
Der Peilvorgang läßt sich darüber hinaus in der ausklappbaren Kartenskizze nachvollziehen. Der gesuchte Schiffsort liegt in dem von den drei Peilungen gebildeten Fehlerdreieck. Die Differenz zwischen dem *gegißten Ort* und dem *wahren Ort* ist die *Versetzung* des Schiffes.

Loxodrombeschickung

Das Peilen weit entfernter Funkfeuer
Wie schon gesagt, kann man auch mit kleinen Geräten Funkpeilungen auf recht große Entfernungen vornehmen. Es gibt eine ganze Reihe Funkfeuer, die Reichweiten von 100 sm und mehr haben. Bei Peilentfernungen, die über 30 sm hinausgehen, ist zu bedenken, daß die Funkpeilung eine Großkreispeilung ist. Diese Peilung muß, bevor sie in die Seekarte eingetragen werden kann, um einen kleinen Betrag berichtigt werden. Es muß die *Loxodrombeschickung* angebracht werden.
Das ist allerdings nur dann der Fall, wenn die Funkpeilung, also die Großkreispeilung, von der Nord-Süd-Richtung abweicht, wenn also zwischen dem Loggeort des peilenden Schiffes und dem gepeilten Funkfeuer ein größerer Längenunterschied besteht. Je größer der Längenunterschied, desto größer der Loxodrombeschickungsbetrag.
In der Praxis geht man folgendermaßen vor: Man greift aus der Seekarte den Längenunterschied zwischen Funkfeuer und (gegißtem) Schiffsort ab und geht mit diesem Betrag von der Schmalseite her in die Loxodrombeschickungstabelle ein. Dieser Zeile folgt man waagerecht, bis man unter der Mittelbreite (Mittelbreite ist die gemittelte Breite

** Die Verwendung solcher Funkpeilblätter erleichtert den Rechenvorgang und hilft Fehler verhüten. Man kann sie vor Reiseantritt selbst herstellen oder kaufen. Das abgebildete Funkpeilblatt ist in Blöcken zu 50 Blatt bei Radio Marine Electronic GmbH, Kurfürstenstraße 84, 1000 Berlin 30, erhältlich.*

Loxodrombeschickungstabelle

Längenunter-schied	Mittelbreite 0°	5°	10°	15°	20°	25°	30°	35°	40°	45°	50°	55°	60°	65°	70°	75°
1°	0,0	0,1	0,1	0,2	0,2	0,3	0,3	0,3	0,4	0,4	0,4	0,4	0,5	0,5	0,5
2°	0,1	0,2	0,3	0,3	0,4	0,5	0,6	0,6	0,7	0,8	0,8	0,9	0,9	0,9	1,0
3°	0,1	0,3	0,4	0,5	0,6	0,7	0,9	1,0	1,0	1,1	1,2	1,3	1,3	1,4	1,4
4°	0,2	0,3	0,5	0,7	0,8	1,0	1,1	1 3	1,4	1,5	1,6	1,7	1,8	1,9	1,9
5°	0,2	0,4	0,6	0,9	1,1	1,3	1,4	1,6	1,8	1,9	1,9	2,0	2,2	2,3	2,4
6°	0,3	0,5	0,8	1,0	1,3	1,5	1,7	1,9	2,1	2,3	2,5	2,6	2,7	2,8	2,9
7°	0,3	0,6	0,9	1,2	1,5	1,8	2,0	2,3	2,5	2,7	2,9	3,0	3,2	3,3	3,4
8°	0,3	0,7	1,0	1,4	1,7	2,0	2,3	2,6	2,8	3,1	3,3	3,5	3,6	3,8	3,9
9°	0,4	0,8	1,2	1,5	1,9	2,3	2,6	2,9	3,2	3,5	3,7	3,9	4,1	4,2	4,3
10°	0,4	0,9	1,3	1,7	2,1	2,5	2,9	3,2	3,5	3,8	4,1	4,3	4,5	4,7	4,9

Loxodrombeschickungstabellen, ausgeführt bis 40° Längenunterschied, finden sich im „Nautischen Funkdienst", Band II, im „Sprechfunk für Küstenschiffahrt" und im „Jachtfunkdienst" des Deutschen Hydrographischen Instituts.

aus den geographischen Breiten der beiden gegebenen Orte) angekommen ist, und entnimmt die dort stehende Zahl.
Beispiel: Längenunterschied 7°, Mittelbreite 20°, entnommener *Wert 1,2. Dieser Wert ist die Loxodrombeschickung u.* Der Wert u ist nunmehr an unsere rechtweisende Peilung (Großkreispeilung GP) anzubringen, um so zur Loxodrompeilung (LP) zu kommen. *Das muß stets in Richtung auf den Äquator erfolgen.* Befindet man sich nördlich des Äquators, so heißt das:
Für Großkreispeilungen von 0° (über 90°) bis 180° erhält u das Vorzeichen + (plus).
Für Großkreispeilungen von 180° (über 270°) bis 360° erhält u das Vorzeichen – (minus).
Ein Blick auf die Loxodrombeschickungstabelle zeigt, daß bei einem Längenunterschied von 2° der Höchstbetrag von u gerade 1° werden kann. Der Yachtskipper muß sich also ein Bild machen, von welchem Betrag an er die Loxodrombeschickung berücksichtigen will und muß. Allgemein kann gesagt werden, daß Längenunterschiede von 2° bis zu einer Mittelbreite von 30° vernachlässigbar sind.

Das Funkpeilblatt

Das Funkpeilblatt (Abb. 15) ist so angelegt, daß jeweils drei Funkfeuer eingetragen werden können. (Im Beispiel: Kiel, Fehmarnbelt und Neuland.) Darunter steht die Frequenz (hier 294,2 kHz; es muß aber durchaus nicht so sein, daß die drei Funkfeuer eine gemeinsame Frequenz haben). Dann folgt die Kennung (Kiel KI, Fehmarnbelt FE, Neuland NL). Die nächste Zeile nennt die Kennung in Morsezeichen und die folgende die Morsezeichen als Lautsymbole, zur Erleichterung. Wer Morsezeichen auswendig kann, läßt die Zeilen eben frei.
Der darunter befindliche Absatz zeigt die Sendefolge der drei Funkfeuer a), b) und c) in den Zyklen.
Diesen Kopf des Funkpeilblattes kann man sich schon bei der Reiseplanung, wenn der Kurs festgelegt ist, vorbereiten, und da ja bei weitem nicht alle Funkfeuer durchgehend von 00–60 senden, läßt sich mit einem Blick auf das vorbereitete Blatt erkennen, wann man die zu peilende Frequenz einzustellen hat.
Der nächste Abschnitt enthält den Rechenvorgang. Um Peilfehler weitgehend auszuschließen, sollte man jede Peilung dreimal machen – dafür die Felder 1., 2. und 3. Auf dem abgebildeten Funkpeilblatt wurde jedoch nur eine Peilung je Funkfeuer durchgeführt.
Die vierte Zeile dieses Abschnitts, „anliegender Kompaßkurs", ist für den Kurs vorgesehen, der im Augenblick des Auffassens des Minimums anliegt; er muß durch Zuruf vom Rudergänger erfragt werden. In dem Beispiel sind für alle drei Peilungen die gleichen Kompaßkurse angegeben, was in der Praxis kaum vorkommt.
Da die Addition aus rechtweisendem Kurs und wahrer Funkseitenpeilung oft Werte von über 360 ergibt, ist eine Zeile für die Subtraktion vorgesehen („gegebenenfalls – 360°").
Der Rechengang schließt mit der rechtweisenden Peilung ab.
Die letzten beiden Zeilen (hier nicht ausgefüllt) dienen bei Peilungen mit großem Längenunterschied der Anbringung der Loxodrombeschickung.
Der untere Teil des Blattes ist für die Consolauswertung von zwei Consolfunkfeuern vorgesehen. Das Zählen soll für jedes Consol dreimal hintereinander erfolgen.

Consolfunkfeuer*

Die Consolfunkfeuer arbeiten im Mittelwellenbereich und haben den außerordentlichen Vorteil, daß man sie mit jedem normalen Mittelwellen-Empfänger abhören kann, vorausgesetzt, er hat keine automatische Schwundregelung (es sei denn, sie läßt sich abschalten).
Das Zustandekommen der Consolfunkortungssignale ist recht kompliziert; wir wollen daher von technischen Erklärungen absehen und uns um so intensiver mit den Möglichkeiten des Empfangs und der Auswertung der Consolzeichen befassen.
Consolfunkfeuer finden wir im „Sprechfunk für Küstenschiffahrt" im Abschnitt E sowie im „Jachtfunkdienst" bei „Funkortung" unter C. Wir wählen als Beispiel das Consolfunkfeuer Stavanger (Varhaug), Frequenz 319 kHz, Sendeart A 1, Kennung LEC, Tastzyklus 30 s, Sendezeit ununterbrochen (Abb. 16 und 17).
Bei einem normalen Betriebsempfänger müssen wir darauf achten, daß Consolfunkfeuer mit der Antenne für Rundempfang empfangen werden. Das Gerät *darf nicht auf Peilen geschaltet sein.* Stellen wir nun die Frequenz von Stavanger-Consolfunkfeuer ein. Im Gegensatz zu den Kreisfunkfeuern ist die Reichweite sehr groß. Sie beträgt bei Tage über See bis zu 1200 sm, über Land ca. 700 sm. Bei Nacht ist sie noch erheblich größer. Wir können die Versuche also auch im Heimathafen vornehmen.
Wenn wir das Signal von Stavanger zum Beginn des Zyklus erwischen, hören wir die Morsezeichen der Kennung LEC = *di da di dit dit da di da dit.* Darauf folgt bei den meisten Consolfunkfeuern ein *ungerichteter* Dauerstrich. Dieser könnte notfalls auch zum Peilen mit dem Rahmen benutzt werden. Dazu müßte man die Anlage wieder auf *Peilen* schalten; das aber ist nicht der Sinn des Consolfeuers. Interessant ist es jedoch, die Consolauswertung mit der Peilung dieses Dauerstrichs zu vergleichen. Es gibt auch Consolfeuer, bei denen der Dauerstrich vor der Kennung abgestrahlt wird.

* *Auf den Seiten 20 und 31 dieses Buches war darauf hingewiesen worden, daß, zumindest zum Leidwesen der Sportschiffahrt, mehrere Consolfunkfeuer von der Bildfläche verschwunden sind. Es gibt allerdings auch einige neue. So haben die Norweger drei neue Consolfunkfeuer in Betrieb genommen, die für Reisen in den hohen Norden von großer Wichtigkeit sein können: eines ist auf der Bäreninsel, eines auf der Insel Jan Mayen und eines auf Andöya (siehe Nautischer Funkdienst).*

Norwegen

Stavanger (Varhaug) 58° 37,5′ N 5° 37,8′ O
Frequenz: 319 kHz 1,5 kW A 1
Kennung: LEC
Tastzyklus: 30 s
Sendezeit: ununterbrochen

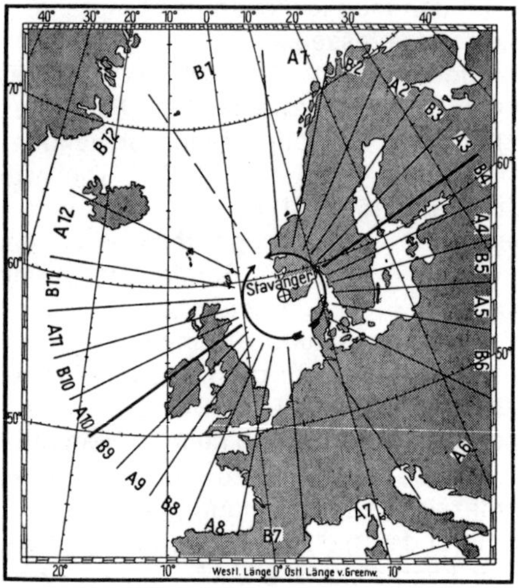

Unregelmäßigkeiten in der Ausstrahlung des CFF Stavanger werden von der KFSt Rogaland in norwegischer und englischer Sprache verbreitet

Abb. 16 Consolfunkfeuer Stavanger.

Stavanger

A-Sektoren

Richtsignal beginnt mit Punkten

Gezählte Punkte	1	2	3	4	5	6	7	8	9	10	11	12
0	023,0	046,7	067,0	087,3	111,0			203,0	226,7	247,0	267,3	291,0
2	022,5	046,3	066,7	087,0	110,6			203,4	227,0	247,3	267,7	291,5
4	022,0	045,9	066,3	086,6	110,1			203,9	227,4	247,7	268,1	292,0
6	021,5	045,6	066,0	086,3	109,7			204,3	227,7	248,0	268,4	292,5
8	021,0	045,2	065,7	085,9	109,2			204,8	228,1	248,3	268,8	293,0
10	020,6	044,9	065,3	085,6	108,8			205,2	228,4	248,7	269,1	293,4
12	020,1	044,5	065,0	085,2	108,3			205,7	228,8	249,0	269,5	293,9
14	019,6	044,1	064,7	084,9	107,9			206,1	229,1	249,3	269,9	294,4
16	019,1	043,8	064,3	084,5	107,4	152,6	161,4	206,6	229,5	249,7	270,2	294,9
18	018,6	043,4	064,0	084,2	107,0	149,4	164,6	207,0	229,8	250,0	270,6	295,4
20	018,1	043,1	063,7	083,8	106,6	147,2	166,8	207,4	230,2	250,3	270,9	295,9
22	017,6	042,7	063,3	083,5	106,2	145,4	168,6	207,8	230,5	250,7	271,3	296,4
24	017,1	042,3	063,0	083,2	105,7	143,9	170,1	208,3	230,8	251,0	271,7	296,9
26	016,6	042,0	062,7	082,8	105,3	142,5	171,5	208,7	231,2	251,3	272,0	297,4
28	016,0	041,6	062,3	082,5	104,9	141,2	172,8	209,1	231,5	251,7	272,4	298,0
30	015,5	041,2	062,0	082,1	104,5	140,0	174,0	209,5	231,9	252,0	272,8	298,5
32	015,0	040,9	061,7	081,8	104,1	138,9	175,1	209,9	232,2	252,3	273,1	299,0
34	014,4	040,5	061,3	081,4	103,6	137,9	176,1	210,4	232,6	252,7	273,5	299,6
36	013,9	040,1	061,0	081,1	103,2	136,9	177,1	210,8	232,9	253,0	273,9	300,1
38	013,3	039,8	060,7	080,8	102,8	136,0	178,0	211,2	233,2	253,3	274,2	300,7
40	012,8	039,4	060,3	080,4	102,4	135,1	178,9	211,6	233,6	253,7	274,6	301,2
42	012,2	039,0	060,0	080,1	102,0	134,2	179,8	212,0	233,9	254,0	275,0	301,8
44	011,6	038,6	059,7	079,7	101,6	133,3	180,7	212,4	234,3	254,3	275,4	302,4
46	011,0	038,2	059,3	079,4	101,2		181,5	212,8	234,6	254,7	275,8	303,0
48	010,4	037,9	059,0	079,0	100,8		182,3	213,2	235,0	255,0	276,1	303,6
50	009,8	037,5	058,7	078,7	100,4		183,0	213,6	235,3	255,3	276,5	304,2
52	009,2	037,1	058,3	078,4	100,0		183,8	214,0	235,6	255,7	276,9	304,8
54	008,6	036,7	058,0	078,0	099,6		184,5	214,4	236,0	256,0	277,3	305,4
56	007,9	036,3	057,7	077,7	099,2		185,2	214,8	236,3	256,3	277,7	306,1
58	007,3	036,0	057,3	077,3	098,8		185,9	215,2	236,7	256,7	278,0	306,7
60	006,6	035,6	057,0	077,0	098,4		186,6	215,6	237,0	257,0	278,4	307,4

Rechtweisende Peilung vom Consolfunkfeuer aus

Warnung. Die Werte im A 6-Sektor von den Punkten 46 bis 60 ergeben infolge ständiger Verzerrung für die Navigation unbrauchbare Peilungen. Das Gebiet erstreckt sich keilförmig vom Sender aus über Skagerrak, Samsö-Belt und Sund bis zur pommerschen Küste.

Östlich des Verzerrungsgebietes sind Nachtpeilungen im Skagerrak und Kattegat unbrauchbar, obwohl man sich hier im Bodenwellenbereich befindet.

Abb. 17 Peiltafel für das Consolfunkfeuer Stavanger für A-Sektoren. Es gibt auch eine solche für B-Sektoren.

Nach einer kurzen Pause kommt nach der Kennung das eigentliche Consolsignal. Es ist uns in seinem Ablauf zunächst völlig fremd, und die Art des Signals ist auch abhängig davon, wo wir uns befinden. Es kann sein, daß nach der Kennung zunächst eine Reihe von Strichen zu hören ist. Keine Buchstaben also, sondern Striche in immer gleichem Abstand hintereinander, bis sie nach einer gewissen Zeit zu verschwinden beginnen, um in einen Dauerton überzugehen und sich schließlich in scharfe Punkte zu verwandeln. Es ist aber auch möglich, daß das Signal umgekehrt läuft und mit Punkten beginnt, nach einer Weile in einen Dauerton übergeht und sich dann in Striche auflöst. Der ganze Vorgang vom Beginn der Kennung bis zum Ende des letzten Signals dauert 30 s, und diesen Zeitraum nennt man *Tastzyklus.* Nach Beendigung des Tastzyklus beginnt sofort ein neuer.
Betrachten wir jetzt die Abb. 16. Von dem Funkfeuer Stavanger gehen eine Reihe von Strahlen aus, die den Kreis um das Feuer in Sektoren einteilen. Jeder Sektor ist mit einem Buchstaben und einer Zahl gekennzeichnet. Befinden wir uns in einem Sektor A, dann beginnt das Consolfunksignal mit Punkten, im Sektor B mit Strichen. Auf einer Sektorengrenze sind nur Striche oder nur Punkte zu hören.

Nun zur Auswertung. Es werden nach Ende der Kennung bis zum Ende des Tastzyklus insgesamt 60 Zeichen gesendet. Die Addition der jeweils gehörten Zeichen (Punkte und Striche) muß also immer 60 ergeben. Wir hatten gesagt, daß zwischen klar erkennbaren Punkten und Strichen eine Zeitlang ein Dauerton zu hören ist. Auch diesen Dauerton gilt es für die Auswertung in einzelne Zeichen zu zerlegen, und das geschieht wie folgt:
Nehmen wir an, das Signal beginnt mit Punkten. Diese Punkte zählen wir mit, solange sie eindeutig als solche zu erkennen sind. Dann kommt das sogenannte *Gleichsignal,* womit die Zeit bezeichnet wird, in der Punkte und Striche zum Dauerton zusammenfließen. Dann folgen die Striche, und sowie wir sie eindeutig erkennen können, beginnen wir wieder zu zählen, bis zum Ende des Signals. Nehmen wir an, wir haben zu Anfang 15 Punkte und nach dem Gleichsignal 43 Striche gehört, so ergibt das eine Gesamtzahl von 58 klar erkennbaren Zeichen. Wir wissen aber, daß es 60 sein müssen. Die Differenz beträgt 2 Zeichen. Wir verfahren nun so, daß wir die Hälfte der Differenz, also die Hälfte der

nicht klar erkennbaren Zeichen, mit der Zahl vor dem Gleichsignal, also den Punkten, addieren. Bei einer Differenz von 2 ist die Hälfte 1. Richtiger Wert zum Auswerten 16 Punkte.
Zur Auswertung benötigt man eine Funkortungskarte, z. B. die Karte 1000 C Nordsee, Nordblatt. Unser gegißter Ort ergibt, in welchem A-Sektor wir uns befinden. Ein Irrtum ist da kaum möglich, denn zwischen den beiden nächsten A-Sektoren liegt ja jeweils noch ein B-Sektor.
Nunmehr beginnen wir, von der Sektorengrenze her in die Richtung zu zählen, die der Richtungspfeil angibt, der in der Funkortungskarte eingedruckt ist. In dem genannten Beispiel befinden wir uns auf der Standlinie Nr. 16.
Die zweite Art der Auswertung bedient sich der im SfK enthaltenen Peiltafeln, wobei wir von unserem Zählwert aus, den die linke Spalte angibt, nach rechts unter die Nummer des entsprechenden Sektors gehen und dort die rechtweisende Peilung für das Consolfunkfeuer entnehmen. Die Peilung rechnet rechtweisend vom Funkfeuer aus.
Bei den großen Reichweiten der Consolfeuer ist es möglich, daß Peilungen auf sehr große Entfernungen genommen werden. Ist der Längenunterschied größer als 2° (und das gilt nicht nur für Consolpeilungen), muß man eine *Loxodrombeschickung* vornehmen. Beschickungstafel und Hinweise finden sich im „Sprechfunk für Küstenschiffahrt".
Hat man die Möglichkeit, zwei Consolfunkfeuer zu peilen, so kann man zu einer recht brauchbaren Kreuzpeilung kommen. Für die Praxis sei empfohlen, es bei der Aufnahme der Peilung nicht beim einmaligen Zählen zu belassen, sondern es mindestens dreimal hintereinander durchzuführen. Das kostet zwar zwei Minuten mehr; man wird aber die Feststellung machen, daß die Zählwerte tatsächlich ein wenig voneinander abweichen. Dem Anfänger macht das Signal vor Beginn des Gleichsignals meist keine Schwierigkeit; das Heraushören der Zeichen am Ende des Gleichsignals erfordert jedoch zunächst einige Übung. Man führt die Rechnung und die Auswertung also für mindestens drei Tastzyklen durch und wird zu seiner Freude feststellen, daß die Peildifferenz außerordentlich gering ist.
Vor einer größeren Reise liest man im „Sprechfunk für Küstenschiffahrt" auch die Abschnitte über Nachtpeilungen usw. durch.

Richtfunkfeuer

Richtfunkfeuer dienen zur Bezeichnung einer Hafeneinfahrt oder eines engen Fahrwassers. Sie senden *gerichtete* Signale, die mit jedem Betriebsempfänger aufgenommen werden können. Peilfunkempfänger müssen auf Rundempfang umgeschaltet werden.
Zu jedem Richtfunkfeuer finden wir im „Sprechfunk für Küstenschifffahrt“, im „Jachtfunkdienst“ und im „Nautischen Funkdienst“ einen Kartenausschnitt, aus dem unter anderem die geographische Lage des Feuers und die rechtweisende Richtung der Kurslinie, die das Richtfunkfeuer angibt, zu ersehen sind (Abb. 18).
Zwei spezielle Richtantennen sind so aufgestellt, daß die Abstrahlungsbereiche scharf begrenzt sind und gewissermaßen aneinanderstoßen, genauer: sich an der Begrenzungslinie etwas überdecken.
Ein Sender, der einen Dauerton erzeugt, wird durch eine Vorrichtung abwechselnd auf die Antennen geschaltet, so daß auf beiden Antennensystemen Morsezeichen entstehen. Für diesen Zweck kommen nur solche Morsezeichen in Frage, die sich in ihrem rhythmischen Aufbau zu einem Dauerton ergänzen lassen, wie etwa a = · – *dida* und n = – · *dadit.* In Abb. 19 ist dieses Verfahren schematisch dargestellt. Oben das Morsezeichen für den Buchstaben n, unten jenes nach dem Buchstaben a. Die dünnen Linien, die die Morsezeichen miteinander verbinden, sollen gewissermaßen die Schaltbewegung eines automatischen Umschalters darstellen, der die Sendeleistung immer abwechselnd an eines der Antennensysteme legt.
Das grau unterlegte, von links nach rechts kontinuierlich breiter werdende Mittelfeld stellt den Bereich des Zusammentreffens beider Ausstrahlungsgebiete dar. Dieser Bereich wird mit größer werdender Entfernung vom Sender immer breiter, ein Umstand, der sich für die Ansteuerung günstig auswirkt.
Die sich überlagernden Buchstabenpaare eines Richtfunkfeuers ergänzen sich zu einem Dauerton oder, wie die Funker sagen, zu einem Dauerstrich.
Die Reichweite solcher Richtfunkfeuer ist meist gering; sie dienen ja

2245 F Boulogne, Richt-FF 50° 44′ 24″ N 1° 35′ 47″ O
Frequenz: 289,6 kHz Reichweite: 5 sm
Richtsignal: A bzw. N siehe Karte
Die Tonhöhe ändert alle 5°
Kurslinie: 101,5° Strichzone: 5°
Nebel- und Klarwettersendung: ununterbrochen

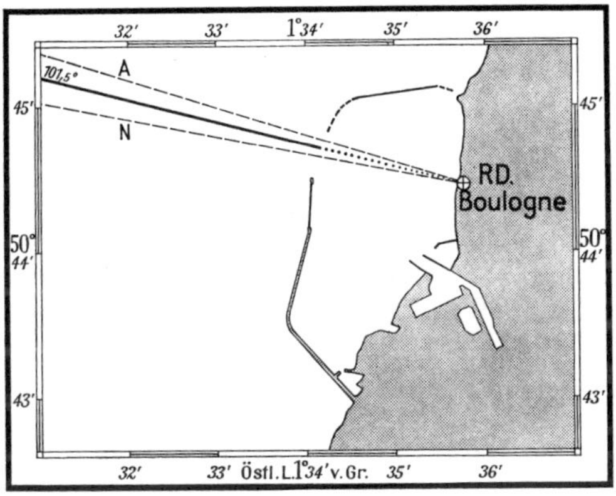

Abb. 18 Richtfunkfeuer Boulogne.

auch lediglich dazu, die Ansteuerung enger Einfahrten oder Durchfahrten zu kennzeichnen. Offenbar wird die Anzahl der Richtfunkfeuer fortwährend geringer; der Grund ist, daß die Berufsschiffahrt sich immer mehr darauf verlassen kann, daß fast jedes Schiff mit Radar ausgerüstet ist.

Benutzung eines Richtfunkfeuers

Zunächst wird am Empfänger die für das Richtfunkfeuer angegebene Frequenz eingestellt. Für Boulogne wären das 289,6 kHz (Abb. 18). Auf den yachtüblichen Empfängern ist das meist sehr leicht, so daß dem

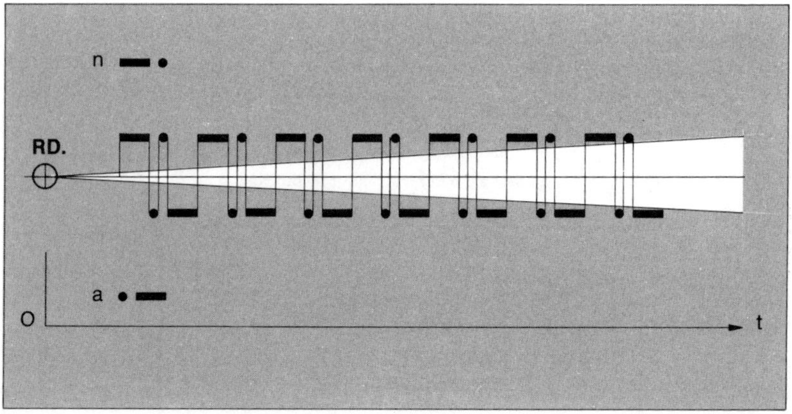

Abb. 19 Richtfunkfeuer. Schema des Zusammentreffens zweier Morsezeichen zum Dauerstrich, hier n und a.

Sportschiffer die Stelle hinter dem Komma stets übertrieben erscheint. Wenn nun der – ebenfalls aus dieser Karte entnommene – rechtweisende Kurs gesteuert wird (der mit Mißweisung und Deviation beschickt werden muß), hört man im Kopfhörer oder Lautsprecher ein meist langsames Morsezeichen (Morsebuchstaben), das sich ständig wiederholt. Ist es der Buchstabe A, also *di da, di da, di da,* so befinden wir uns im A-Bereich des Richtfunkfeuers, nach der Karte also nördlich des zu erzielenden Dauertons. Es ist nun nicht mehr schwer, sich bis an den Dauerton heranzumanövrieren.

Das Gebiet des Dauerstrichs hat zwar eine gewisse Breite, es ist aber kleiner als die Fahrwasserbreite. Der Rudergänger sollte deshalb den Kopfhörer aufsetzen, damit er das Schiff mühelos entlang dem Dauerstrich steuern kann. Dabei muß auch weiterhin der Kompaß beobachtet und scharf Ausguck nach vorn gehalten werden – das Richtfunkfeuer steht irgendwo an Land!

Für technisch Interessierte I

Im folgenden soll der Versuch unternommen werden, dem technisch interessierten Leser die Peilphänomene zu erklären.
Es gibt für Peil- und Richtzwecke eine Reihe von Antennensystemen. Die uns bekannte Rahmenantenne und der Ferritstab gehören genauso dazu wie die zwei getrennten Vertikalantennen, die H-Antennen (Adcock-Antennen, im deutschen Peilfunknetz Nordsee eingesetzt) und einfache Antennen kombiniert mit Richtantennen.
Die einfachste in der Funktechnik verwendete Antenne ist die Senkrecht-(Vertikal-)Antenne. Sie ist in der Horizontalebene frei von jeder Richtwirkung. Der Techniker stellt so etwas immer gern graphisch dar, und so gibt es von Antennen *Richtdiagramme* zur Kennzeichnung ihrer Richteigenschaften. Sie geben die Abhängigkeit der in der Antenne induzierten (etwa . . . aufgenommenen . . .) *EMK* (nennen wir es, wenn auch unrichtig, „Energie") von der *Einfallsrichtung* des Funksignals, bezogen auf eine feste Richtung, wieder (Abb. 20).
Im Mittelpunkt befindet sich eine Vertikalantenne „0". Dieser Ort ist der Empfangsort. An verschiedenen Punkten ihrer Umgebung mögen im gleichen Abstand Sender gleicher Leistung liegen. Die in der Vertikalantenne induzierte EMK ist dann beim Empfang jedes Senders jeweils gleich groß: Man kann sie durch gleich lange Strecken darstellen, die in der Richtung des Senders verlaufen. Verbindet man die Endpunkte dieser Strecken A_1 bis A_8 miteinander, so entsteht ein Achteck. Es ist leicht einzusehen, daß bei größer werdender Senderzahl das Achteck sich immer mehr dem Kreis nähert: Das *Richtdiagramm* der *Vertikalantenne* ist der *Kreis*. (Das Richtdiagramm einer Sendeantenne entsteht analog.)
Aus einer wesentlich komplizierteren Betrachtung ergibt sich so auch das Richtdiagramm der Rahmenantenne. Die Herleitung wollen wir uns schenken, aber wir können uns merken:
Das Richtdiagramm einer Rahmenantenne ist eine liegende Acht. Abb. 21 zeigt in der Mitte (1, 2) den geschnittenen Peilrahmen.

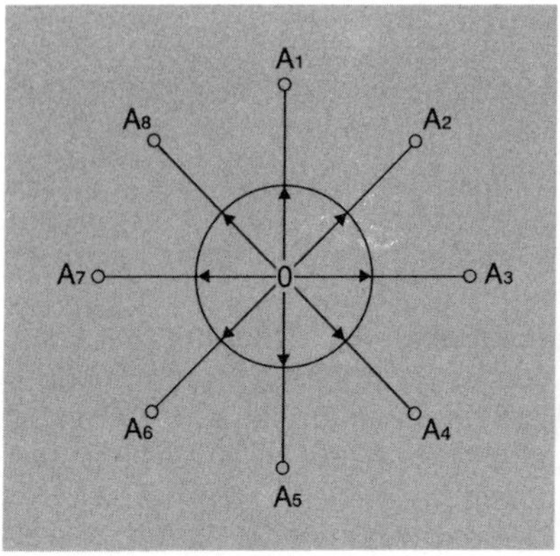

Abb. 20 Richtdiagramm einer Vertikalantenne.

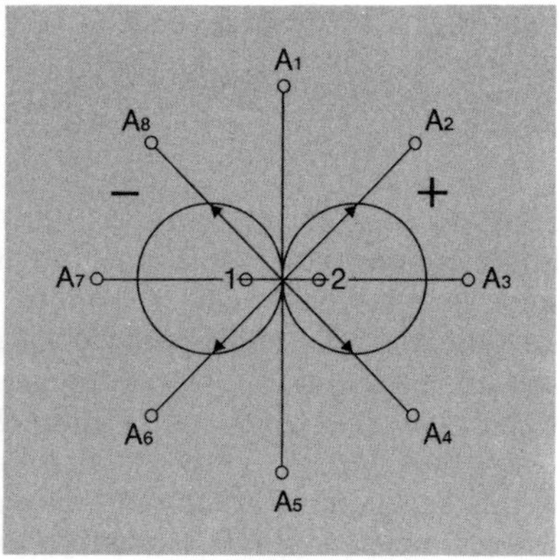

Abb. 21 Richtdiagramm einer Peilantenne.

Betrachten wir die Punkte A_1 bis A_8 als Sender, so ergibt sich, daß weder der Sender A_1 noch der Sender A_5 in einen der beiden Kreise des Richtdiagramms eindringt: Diese Sender stehen senkrecht zur Antennenebene und induzieren keine EMK; dies ist die Minimumstellung.

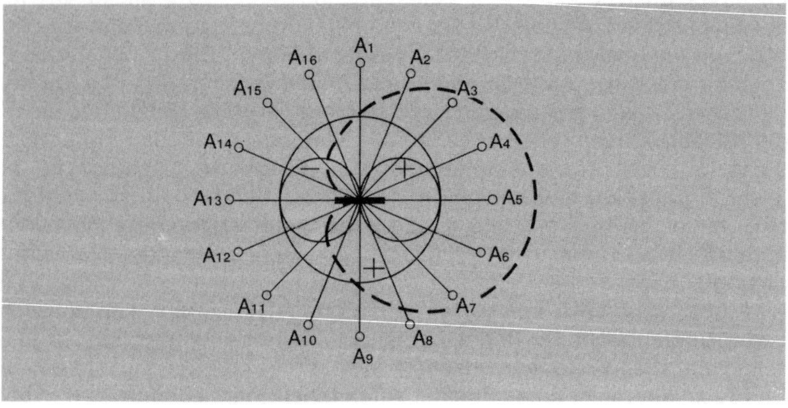

Abb. 22 Kardioide (Herzkurve).

Aber schon eine geringe Abweichung aus dieser Richtung führt durch die Kreise des Diagramms, und es wird EMK induziert. Die aufgenommene Energie steigt sehr schnell an und erreicht bei A_3 und A_7 ihren Höchstwert. Hier liegt dann das Maximum, aber es ist aus der Zeichnung leicht ersichtlich, daß es nicht ausgeprägt, also für Peilzwecke mit dem Rahmen ungeeignet ist.
Abb. 22 zeigt (gestrichelte Kurve) die geometrische Addition der Verhältnisse einer Vertikalantenne und einer Richtantenne (auf die Herleitung soll verzichtet werden). Der Sinn dieser Kurve liegt darin, daß sie nur *ein* Minimum besitzt, wenn auch sehr viel schwächer ausgeprägt als vorher. Die Kardioide wird z. B. zur Seitenbestimmung benutzt.

Darstellung einiger Geräte

Handfunkpeiler

Wer den Markt der Handfunkpeiler in den letzten Jahren beobachtet hat, konnte feststellen, daß es einige Geräte gibt, die sich gehalten haben, und andere, die, oft zunächst groß angepriesen, bald wieder verschwunden waren. Manche Geräte, die zu ihrer Zeit als optimal galten, sind – wie könnte es in der Technik anders sein – durch bessere verdrängt worden.
Auf den nächsten Seiten werden aus der Vielzahl des Angebots einige Geräte vorgestellt. Der Leser möge die gute Absicht einer solchen Auswahl akzeptieren, die keinerlei werbliche Zwecke verfolgt.
Eines aber muß vorab noch einmal wiederholt werden: Von offizieller Seite, das heißt also vom DHI und anderen Institutionen, die mit der Sicherheit der Berufsschiffahrt befaßt sind, darf man positive Aussagen über solche Kleinstgeräte nicht erwarten. Versuche mit Peilanlagen wurden vom DHI bisher stets auf großen Stahlschiffen durchgeführt. Unter diesen Bedingungen kann ein Handfunkpeiler kaum funktionieren.
Auf einer Yacht aber lassen sich mit Handfunkpeilern, richtig angewendet, hervorragende Ergebnisse erzielen.
Wer es sich zum Prinzip macht, beim Arbeiten mit diesen Kleinstgeräten an Deck von ablenkenden Teilen ausreichend weit entfernt zu sein, wer also auf einer Segelyacht hinter dem Achterstag stehend peilt (oder vor dem Vorstag), der wird fast immer zu brauchbaren Resultaten kommen. Dies aber muß man üben, und zwar bei gutem und ruhigem Wetter, so daß man selbst einen zuverlässigen Eindruck von der Qualität der erzielbaren Ergebnisse bekommt. Erweisen sie sich als unbefriedigend, so hat das verschiedene Ursachen: Die Handhabung des Gerätes ist nicht korrekt, das Gerät nicht funktionstüchtig, oder aber es sind tatsächlich Ablenkungen in einer Größenordnung vorhanden, die nicht mehr vertretbar sind.

Der Verfasser hat mit kleinen und kleinsten Handfunkpeilern auch über große Seeräume stets gute Resultate erzielt.

Seafix

Wenn hier über dieses Gerät etwas ausführlicher berichtet wird, dann hat das zwei Gründe: Einmal ist der Seafix der in Europa wohl am weitesten verbreitete Kleinpeiler, zweitens ist das Gerät außerordentlich preiswert.

Der Seafix ist besonders für kleine Schiffe und schmale Geldbeutel zu empfehlen. Der Verfasser hat mit diesem Gerät auf mehreren Seereisen mehrere tausend Seemeilen zurückgelegt und kritisch geprüft, mehrfach auch Gelegenheit gehabt, die Peilergebnisse des Gerätes mit den Ergebnissen anderer, wesentlich teurerer zu vergleichen, und danach ist es gemessen an seinem Preis, wirklich gut.

Natürlich muß der Benutzer, wie bei allen anderen Geräten auch, die Bedienungsanleitung nicht nur lesen, sondern er muß sich auch mit dem Gerät vertraut machen. Dann wird es brauchbare Ergebnisse bringen.

Was ist es, das den Seafix so interessant macht? Dieser kleine Handfunkpeiler ist ein komplettes, von irgendwelchen anderen Geräten völlig unabhängiges Gerät, mit dem man *allein* Peilungen von jeder Stelle des Schiffes aus vornehmen kann. Die Verwendung eines nicht ortsgebundenen Kompasses hat freilich den Nachteil (der auch für alle kabelgebundenen Handfunkpeiler zutrifft), daß man keine Deviationstabelle aufstellen kann. Grundsätzlich muß deshalb vor der Verwendung solcher Geräte auf Stahlschiffen gewarnt werden, es sei denn, man unterzieht sich der Mühe, festzustellen, wie groß die tatsächlichen Abweichungen sind – und das ist ja nicht schwer.

Der unbestreitbare Vorteil eines solchen Gerätes aber ist, wie schon gesagt, daß man damit allein peilen kann. Man sieht seinen Kompaßwert im Augenblick des aufgefaßten Minimums selbst, und wenn man unsicher ist, ob man richtig abgelesen hat, wiederholt man die Peilung so lange, bis man zu einem brauchbaren Ergebnis kommt.

Das andere, bereits geschilderte Verfahren der Zusammenarbeit zwischen dem Peilenden und dem Rudergänger, wobei der Rudergänger auf das Kommando „Achtung Null!“ den gerade anliegenden Kompaßkurs abliest und ausruft, beinhaltet stets den nicht erkennbaren subjektiven Fehler des Rudergängers, den der Peilende weder voraussehen

noch abschätzen kann. Selbst bei modernen Goniometerpeilern mit digitaler Anzeige ist die Kommunikation zwischen Rudergänger (und damit dem anliegenden Kompaßwert) und dem Peilenden (und damit der abgelesenen Zahl am Peilgerät) eine nicht auszuklammernde Unwägbarkeit.
Wer in Reihenversuchen auf ein und demselben Schiff die Ergebnisse der Ein-Mann-Peilung und die der korrekten klassischen und von offizieller Seite empfohlenen Zwei-Mann-Peilung vergleicht, der wird zu dem erstaunlichen Schluß kommen, daß die erstere trotz der fehlenden Deviationstabelle nicht schlechter ist als die Peilung mit dem wesentlich hochwertigeren Gerät.
Wie schon an anderer Stelle gesagt, muß der Navigator über den Wert navigatorischer Messungen immer selbst einen Eindruck gewinnen, der ihm auch die Einschätzung des Endergebnisses einer Rechnung ermöglicht. Die Unsicherheit über die Ablesegenauigkeit des Kompaßwertes muß einen sorgfältigen Navigator stets verunsichern.
Doch zurück zum Gerät selbst: Der Seafix ist ein für den Seenavigationsbereich konstruierter Langwellenempfänger. Er besitzt einen eigenen, auf dem Gerät montierten Peilkompaß (billig, aber immerhin Fluidkompaß), der über ein vergrößerndes Prisma abzulesen ist. Die schlichte, um nicht zu sagen primitive Skaleneinstellung reicht zum Einstellen von Langwellensendern völlig aus. Im übrigen hat das Gerät einen Überlagerer (bfo), mit dessen Hilfe eine genaue Sendereinstellung (Einpfeifen auf Schwebungslücke) leicht möglich ist. Skala für Sendereinstellung und Kompaß sind (sehr geschickt gemacht) beleuchtbar.

Abb. 23 Handfunkpeiler Seafix. Oben auf dem Gerät ist der Kompaß montiert. ▶ In dem aufgesetzten Prismenteil erkennt man unter der Kimme die vergrößerten Zahlenwerte. Auch der durch die Schrägstellung versetzt erscheinende Steuerstrich ist gut zu sehen. Das hellgraue Gehäuse enthält Empfänger und Ferritstab. Die sechs Batterien sind nach Abnehmen einer Kappe an der abgewandten Seite des Gerätes auszuwechseln. An der Vorderseite, gut sichtbar, die schlichte Frequenzeinstellung (ohne Übersetzung), links unten der kombinierte Einschalter/Lautstärkeregler. Rechts unten der Betriebsschalter mit vier Schaltstellungen: normal, mit Überlagerer, normal mit Beleuchtung (dabei werden sowohl Skala als auch Kompaß hinreichend beleuchtet), mit Überlagerer und Beleuchtung. Wünschenswert wäre, daß das Gerät vom (ausländischen) Hersteller für den deutschen Markt deutsch beschriftet würde.

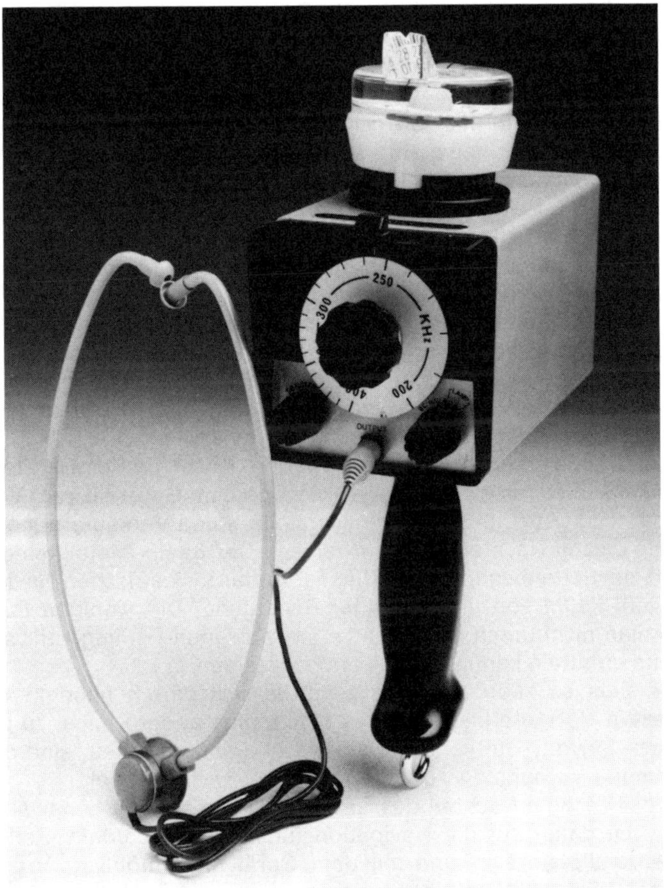

Abb. 23 Handfunkpeiler Seafix

Empfänger, Peilstab (Ferrit) und auch Kompaß sind in einem Kunststoffgehäuse untergebracht, das *beschriftbar* ist. Am unteren Gehäuseteil befindet sich ein kräftiger Handgriff. Dazu gehört noch ein Paar Leichtkopfhörer (zu leicht übrigens).
Man peilt mit dem Gerät, indem man sich an einen geeigneten Platz an Deck stellt: Der Erfahrene wird sehr bald wissen, daß man sich mit der linken Hand festhält, mit der rechten das Gerät weit von sich weghält, über die Seereling hinaus, an einer Stelle, wo man mit verhältnismäßig geringer Ablenkung der elektromagnetischen Wellen zu rechnen hat. Meine besten Ergebnisse habe ich entweder aus dem Bugkorb heraus oder am Heck erhalten. Den abgelesenen Wert schreibt man mit Bleistift auf das Gehäuse (läßt sich später leicht wieder abwischen). Danach wird die Peilung ein zweites und schließlich ein drittes Mal wiederholt. Erst dann kommt, wenn man eine Kreuzpeilung machen will, das zweite Peilobjekt. Wieder wird dreimal gepeilt und aufgeschrieben. In der Kajüte sieht man sich seine Werte an. Hat man Glück, und es stimmen alle drei Werte einigermaßen überein, kann man mitteln und kommt so zu ganz passablen Ergebnissen.
Nachzutragen sind noch drei unbestreitbare Nachteile des Gerätes, von denen seltsamerweise der weniger wichtige dem Gerät oft zum Vorwurf gemacht wird (zumindest von den Herstellern und Verkäufern jener Geräte, die diesen Nachteil nicht aufweisen): Der Seafix bietet keine Möglichkeit zur Seitenbestimmung. Dies ist in der terrestrischen Navigation aber wohl kaum von überragender Bedeutung. Die wenigen Fälle, in denen man nicht durch Hinzunahme einer zweiten Peilung sehr schnell die Seite ermitteln kann, sind zu vernachlässigen.
Anders sieht es allerdings aus, wenn es sich darum handeln würde, etwa ein in Not geratenes anderes Schiff, eine andere Yacht zu peilen, die einen Mayday-Ruf sendet. Dann wäre die Möglichkeit, eine Seitenbestimmung vornehmen zu können, enorm wichtig, aber . . . hier ist schon der nächste Nachteil des Seafix: Er kann nur auf Langwelle peilen und ist damit auf die Navigationsfunkfeuer beschränkt. Peilungen im Grenzwellenbereich sind mit dem Gerät nicht möglich. Aber auch dies kann man wohl zur Not als vernachlässigbar betrachten. Die Zahl der Schiffe (Yachten), die mit einer Grenzwellenanlage ausgerüstet sind, ist verhältnismäßig gering, und welche Yacht ist schon etwa mit einem Wachempfänger auf 2182 kHz auf Empfang.

Der dritte Nachteil allerdings kann nicht so ohne weiteres außer acht gelassen werden: Der Seafix ist auf die ausschließliche Wahrnehmung des akustischen Minimums im Kopfhörer angewiesen; er hat kein eingebautes Meßinstrument, an dem man die tiefste Stelle des Minimums, den sogenannten *Dip,* ablesen kann. Die optische Erkennung mit Hilfe eines Anzeigeinstrumentes ist zweifellos genauer.
Vergleicht man indessen Preis und Leistung des Kleinen mit Preis und Leistung vieler Großer, dann wird man unter Umständen zu ganz erstaunlichen Ergebnissen zugunsten des Seafix kommen. Jedenfalls sollte auch der Skipper einer größeren Yacht in Erwägung ziehen, so ein Gerät als Zweitgerät mitzuführen.

Digitaler Handfunkpeiler DDF 300

Der digitale Handfunkpeiler DDF 300 – bei Erscheinen dieses Buches brandneu auf dem Markt – verspricht eine echte Sensation zu werden (Abb. 24). Wie beim Seafix handelt es sich um ein unabhängiges Gerät, das heißt, Empfänger mit Stromquelle sowie Ferritantenne zum Richtungsempfang sind im Gerät enthalten.
Der DDF 300 hat, wie im Bild erkennbar, ein Tastenfeld, womit die Frequenzen eingetastet werden, und zwar so, daß auch eine Stelle hinter dem Komma Berücksichtigung findet. Die Genauigkeit der Einstellung wird durch ein Referenzkristall im Gerät gewährleistet. Mit anderen Worten: Wer die Frequenz richtig eingetastet hat, wird mit Sicherheit auch den gewünschten Sender empfangen. Die bei anderen – auch sehr viel teureren Geräten – oft notwendige Methode des Einpfeifens auf Schwebungslücke entfällt.
Darüber hinaus hat das Gerät noch weitere Vorteile. Erstens: Es besitzt eine eingebaute elektronische Uhr. Diese Uhr gestattet die Zyklen von Funkfeuern abzulesen, so daß jemand, dem es zu unbequem ist, sich nach der geschilderten da-di-da-Methode notdürftig mit den Morsezeichen vertraut zu machen, etwa drei Sender auf einer Frequenz, wie Kiel, Neuland und Fehmarnbelt, allein an der zeitlichen Reihenfolge auseinanderzuhalten imstande ist. Ein weiterer Vorteil ist (und das wurde am zuvor geschilderten Seafix bemängelt), daß der DDF 300 über ein eingebautes Meßinstrument verfügt, das der Ermittlung des Mini-

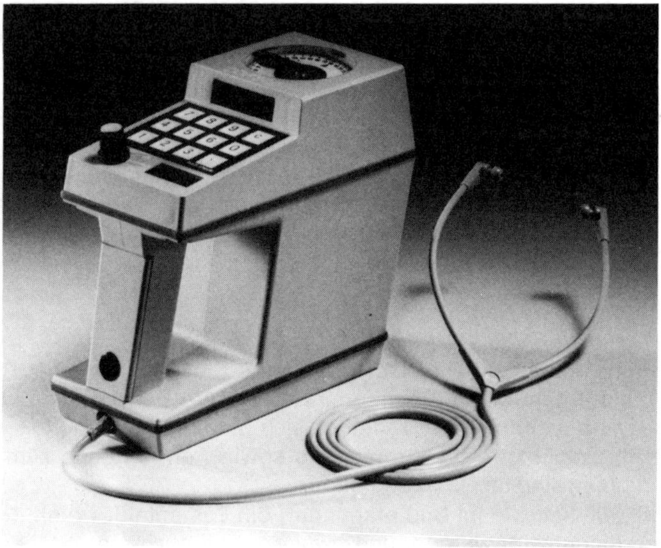

Abb. 24 Digitaler Handfunkpeiler DDF 300.

mums dient, so daß der Peilende das Minimum nicht nur akustisch, sondern auch optisch ermitteln kann.

Und noch ein Gag: Im Moment der Auffassung des Minimums läßt man eine Sperrtaste los, wodurch der Kompaß in der Minimumstellung fixiert bleibt, so daß man sich mit dem Gerät an eine geschützte Stelle begeben und die notwendigen navigatorischen Arbeiten vornehmen kann.

Kopfhörer und Kopfhörerzuleitung sind wesentlich stabiler als beim Seafix und damit unempfindlicher. Daß das ganze Gerät einen geschlossenen Block darstellt, ohne hervorragende Teile, daß es wasserdicht ist, macht es auch bei schlechtem Wetter einsetzbar, und der Peilende kann sich jeweils den für die Peilung günstigsten Platz aussuchen. Hält man das Gerät über die Seereling hinaus, geht man mit ihm gar in den Heck- oder Bugkorb, dann kann man erwarten, daß die Funkbeschickungswerte klein und vernachlässigbar werden. Der Preis des DDF 300 liegt mit derzeit rund 1150 DM fast dreimal so hoch wie der des Seafix. Jedoch sind die außerordentliche Bequemlichkeit in der Bedienung sowie der sonstige Komfort, den das Gerät bietet, so groß, daß der Preis angemessen ist.

Debeg-Handfunkpeiler

Dieser ausgezeichnete Handfunkpeiler (Abb. 25) wird von der Debeg als Zubehör zu den im Programm befindlichen Grenzwellenempfängern geliefert. Der Handfunkpeiler der Debeg kann auch an dem neuen Seefunkempfänger Debeg 2800 benutzt werden. Die bemerkenswerten Unterschiede gegenüber den bisher vorgestellten Geräten sind folgende:

- Das Gerät ist zwar nicht ortsgebunden, es kann aber nur an dem dazugehörigen, fest im Schiff montierten Empfänger betrieben werden. Man kann sich also nicht wie mit den bereits genannten Geräten an einen freigewählten Platz des Schiffes begeben, sondern ist an den Radius gebunden, den die Verbindungsleitung zwischen Empfänger und Peilgerät gestattet.
- Der Kompaß ist von der Qualität her weitaus besser als jener von Seafix und DDF 300. Er kostet allein mehr als doppelt soviel wie der Seafix-Handfunkpeiler.
- Das Gerät gestattet nicht nur Peilungen von Seefunkfeuern, es kann auch für solche Grenzwellenbereiche herangezogen werden. Das ist insbesondere dann von Wichtigkeit, wenn im Seenotfall auf der Frequenz 2182 kHz gepeilt werden soll. Man kann jedoch sogar auf Mittelwelle peilen, wobei zu einiger Vorsicht geraten werden muß, weil die Sendeantennen von Mittelwellensendern häufig sehr weit von den zugeordneten Ortsnamen entfernt sind und es überdies den Begriff der Gleichwellensender gibt, das heißt, daß eine ganze Sendergruppe ein bestimmtes Programm ausstrahlt, wobei einzelne Sender von dem Bezugsort recht weit entfernt sein können.

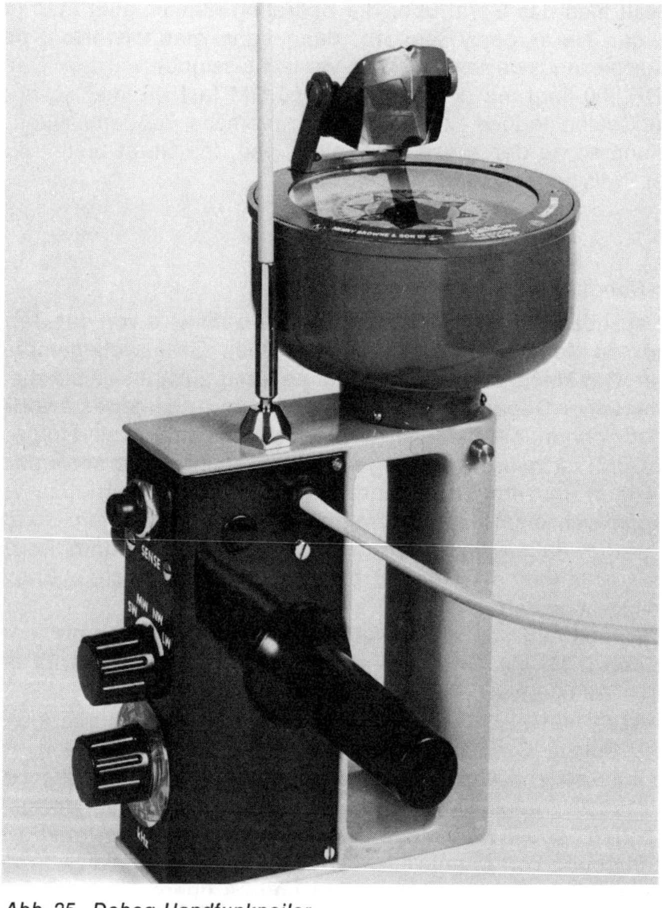

Abb. 25 Debeg-Handfunkpeiler.

Das Gerät hat eine *einsteckbare Stabantenne, die eine Seitenbestimmung ermöglicht.*
Der Vorteil des ungewöhnlich guten Kompasses, der eingebauten Abstimmung geht zum Teil dadurch verloren, daß der Peilende das Anzeigeinstrument seines Empfängers nicht selbst sehen, also das Minimum nur akustisch feststellen kann. Das ist schade, denn die Genauigkeit des Minimums ist, wie schon gesagt, besser am Meßinstrument zu erkennen als akustisch im Kopfhörer.

Seabeam
Der große Erfolg des DDF 300 hat den Seafarer-Leuten, die ja die Väter des erfolgreichen Echolotes Seafarer und auch des Seafix sind, keine Ruhe gelassen. Das Ergebnis ist ein Gerät namens Seabeam. Der Seabeam ist ein Handfunkpeiler, der gewisse äußerliche Ähnlichkeit mit dem Seafix hat. Allerdings scheint er robuster, vielleicht sogar ein wenig unförmig. Die hier verwendete digitale Eintastung ist nicht gerade überzeugend, die Lösung beim DDF 300 erscheint einleuchtender. Lobenswert ist allerdings die Anordnung des Kompasses. Die Ablesbarkeit über ein Prisma ist sehr genau. Im Notfall wäre der Kompaß sogar als Notkompaß nutzbar.
Alle drei genannten Handpeilkompasse gestatten nur das Peilen auf den Langwellen-Peilfrequenzen, eine Peilung der im Seenotfall so wichtigen Frequenz 2182 kHz ist bei keinem der genannten möglich.

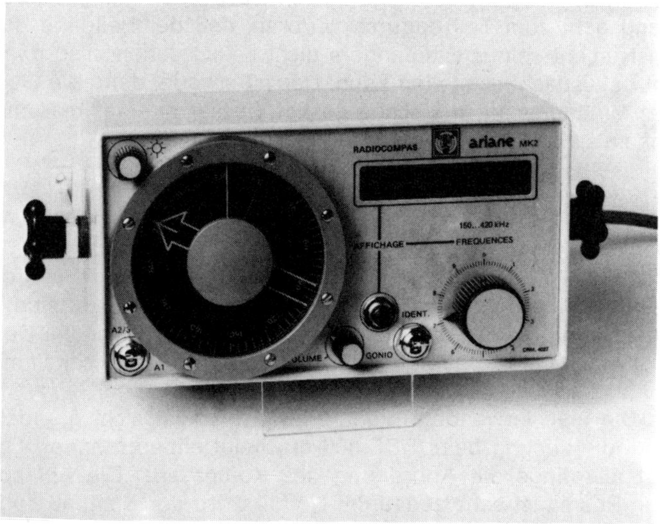

Abb. 26 Ariane MK 2. Groß und gut erkennbar die Skala mit der Anzeigeautomatik. Schaltet man nach vollendeter Frequenzeinstellung den Schalter auf Peilen, dreht sich der Anzeigepfeil und zeigt die seitenrichtige Peilung an. Die Rosenteilung ist drehbar und kann gegebenenfalls auch auf den anliegenden Kompaßkurs eingestellt werden.

Die ortsfesten Peiler

Die Ariane MK 2 (Abb. 26) nimmt unter den größeren Peilern insofern eine Sonderstellung ein, als sie ein Goniogerät ist, dessen Antenne jedoch keine Kreis(Kugel)form hat, sondern trapezförmig konstruiert ist.

Diese Rahmenantenne ist auch, verglichen mit anderen Gonioanlagen, ungewöhnlich klein. So ist sie leicht montierbar, auch auf den Masten kleinerer Yachten. Der Antennenkopf wird übrigens festverkabelt geliefert, so daß bei eventueller Selbstmontage Fehler beim Schalten vermieden werden. Besonders bemerkenswert ist aber auch die Tatsache, daß die Ariane ein unabhängiges Gerät ist. Sie ist also kein Zusatzgerät und dient ausschließlich der Peilung, im Gegensatz zu den meisten anderen yachtüblichen Anlagen, bei denen der Gonioteil jeweils ein Zusatzgerät zu einem anderen Empfänger ist, der dann für die Zeit der Peilarbeit in seiner eigentlichen Funktion nicht genutzt werden kann.
Die Frequenzanzeige der Ariane erfolgt ganz modern digital und ist, genauso wie die Peilanzeige selbst, sehr gut ablesbar. Rundherum ein empfehlenswertes Gerät, das sich besonders im Mittelmeerraum seit Jahren großer Beliebtheit erfreut.

Peilsonde Ramert mit Grundig Satellit

Abb. 27 zeigt die Peilsonde von Ramert, die bereits im Zusammenhang mit der Funkbeschickung erwähnt wurde. Es handelt sich um einen ortsfesten Ferritstab, der auf Kunststoff- und Holzbooten eingesetzt werden kann.
Auf kleineren Booten wird die Anlage häufig auch an dafür geeigneten, tragbaren Kofferempfängern betrieben. Der neue Grundig Satellit (Abb. 28) mit gut erkennbarer digitaler Frequenzanzeige und eingebauter Quarzuhr ergibt bei richtiger Anwendung auch für gehobene Ansprüche eine brauchbare Peilanordnung. Der Satellit gehört zu den Empfängern mit vielen Möglichkeiten. Hier sei jedoch nur seine – dank des Klangs und der Lautstärke – gute Musikwiedergabe erwähnt; das gibt es normalerweise bei einem Seefunkempfänger nicht.
Wichtig für Besitzer und Benutzer von Kofferempfängern ist folgendes: Die Musikwiedergabe hängt ab von

- einer kräftigen Endstufe, die die notwendige Leistung erzeugt,
- einem kräftigen Lautsprecher, der diese Leistung zu verarbeiten imstande ist.

Der Satellit und vergleichbare Kofferempfänger verfügen über starke Lautsprecher. Sie haben aber – und das ist nicht zu ändern – außerordentlich starke Magneten. *Der Magnetismus von Lautsprechern in*

Kofferempfängern ist nicht abschaltbar. Bleiben Sie deshalb mit Kofferempfängern Ihrem Kompaß fern.
Normalerweise hat ein solcher Lautsprecher in der Verlängerung seiner musikalischen Abstrahlrichtung ein etwa keulenförmiges, stark magnetisches Gebiet. Man sollte dafür Sorge tragen, daß die Öffnung des Schallaustritts eines Lautsprechers nicht in die Richtung auf den Steuerkompaß zeigt. Solche Geräte sollten, wenn möglich, mit der Strahlrichtung querschiffs aufgestellt werden. Empfohlene Entfernung von Schallöffnung bis Steuerkompaß: 2 m, seitlich 50 cm.
Besondere Vorsicht ist geboten, wenn Gäste an Bord mit eigenen Kofferempfängern herumziehen. Dann wird die schönste Funkbeschickung natürlich unsinnig. Die einzige Abhilfe: Geräte dieser Art ins Vorschiff verbannen.
Aber auch elektronische Belichtungsmesser und Kameras, die mit solchen ausgerüstet sind, können zu erheblichen Kompaßablenkungen führen, denn auch sie besitzen einen kräftigen Permanentmagneten. Wenn ein neuer Rudergänger sich ans Rad oder die Pinne begibt und seinen Fotoapparat in der Nähe oder gar umgehängt hat, muß man also kontrollieren, ob der Kompaß dadurch beeinflußt wird.
Der Grundig Satellit ist für größere Schiffe als Zweitempfänger besonders interessant, etwa wenn es gilt, den Wetterbericht mitzuschreiben oder ein Telegramm aufzunehmen und gleichzeitig eine andere Frequenz, zum Beispiel die internationale Seenotfrequenz 2182 kHz, zu überwachen, weil darauf gerade ein Seenotfall abgewickelt wird.
Nochmals hervorgehoben sei die erleichterte Frequenzeinstellung – wegen der Gedrängtheit der Skalen bei Vorgängern dieses Modells fiel sie, bedingt durch die helleuchtende digitale Anzeige, manchem schwer –, denn der recht gute Kurzwellenteil des Grundig Satellit ist bei Reisen über größere Distanzen für den Empfang des Kurzwellenseefunks wichtig.

Von der Firma Ramert gibt es im übrigen ein umfangreiches Angebot an für Yachten geeigneten Peilgeräten unter der Bezeichnung Ramert-Modularsystem, auf dessen eingehender Darstellung hier aus Platzgründen verzichtet werden muß.

Abb. 27 Peilsonde Ramert.

Abb. 28 Grundig Satellit.

Goniometerpeiler Plath Sensus und Consensus

Wie schon gesagt, arbeitet der Goniometerpeiler nicht mit einem, sondern mit zwei Antennenrahmen, die im rechten Winkel zueinander stehen. Einige Erzeugnisse besitzen analog zwei gekreuzte Ferritstäbe. Das Wesentliche beim Goniorahmen ist, daß die Antenne nicht beweglich zu sein braucht, mit anderen Worten: Eine mechanische Verbindung vom Antennengebilde zum Peilenden ist nicht erforderlich. Deshalb können Goniorahmen vom Empfänger entfernt aufgestellt werden; man versucht sie an einem möglichst hohen Punkt anzubringen, um so dem Störfeld des Schiffes soweit wie möglich zu entgehen und die Funkbeschickung entsprechend gering zu halten.
Goniorahmen können in beschränktem Maße kompensiert werden, wenn das auch auf dem Masttopp einer Segelyacht meist mit großem Zeitaufwand verbunden ist. Die Befestigungsringe des Rahmengebildes sind mit Langlöchern versehen, so daß sich vor der endgültigen Arretierung gegebenenfalls durch Drehen statische Fehler kompensieren lassen.
Abb. 29 zeigt das Bedienungspult des seit einigen Jahren im Handel befindlichen Goniometerpeilgerätes Plath Sensus, das vorwiegend für die Yacht- und Kleinschiffahrt entwickelt wurde. Dazugehörig ist der Peilempfänger Plath Consensus (Abb. 30), der es gestattet, im Seefunkfeuerbereich sowie in einem Teil des Grenzwellenbereiches zu peilen. Der Sensus läßt sich auch mit anderen zum Peilen geeigneten Empfängern benutzen. Wer sich dazu entschließt, sollte sich allerdings vorher beim DHI erkundigen, ob das für das betreffende Gerät zulässig ist. Selbst wenn beide Geräte jedes für sich eine FTZ-Nummer haben, so bedeutet das nicht, daß man sie auch zusammengeschaltet verwenden darf.

Automatik-Goniovorsatz Debeg 7480

Der Automatik-Goniovorsatz Debeg 7480 (Abb. 31) ist ein Zusatzgerät. Er ist ausgelegt für die Debeg-Empfängerreihe 7281 bis 7284. Das heißt, jeder der vier Empfänger kann durch Hinzunahme dieses Automatik-Goniovorsatzgerätes zu einem Goniometerpeiler ergänzt werden. (Dazu muß an geeigneter Stelle auch der entsprechende Kreuzrahmen angebracht werden.)

Abb. 29 Plath Sensus.

Abb. 30 Plath Consensus.

Für Schiffe mit begrenztem Raum erweisen sich die bewährten Sailor-Geräte von Debeg, die seit vielen Jahren auf dem Markt sind, immer wieder als praktikabel. Die bausteinartige Zusammensetzbarkeit der Geräte gestattet es dem Eigner, mit einem vergleichsweise einfachen Empfänger zu beginnen, diesen später durch einen Handpeiler zu ergänzen, irgendwann die Anlage durch einen Goniometervorsatz zum Goniometerempfänger zu machen, dann vielleicht einen Grenzwellensender hinzuzunehmen und schließlich den anfänglich kleinen Empfänger durch einen größeren zu ersetzen. Ein Programm, wie es in ähnlicher Form von anderer Seite nicht angeboten wird.
Das letzte Glied in der Debeg-Reihe zeigt einen – wenn auch für Normalverbraucher etwas groß geratenen – Turm, der unten mit einem UKW-Sender beginnt und über Empfänger mit Goniovorsatz bis zum Frequenzzähler hochgebaut ist.
Die Bedienung eines solchen Automatikpeilers ist recht einfach, und man braucht keine besonderen Vorkenntnisse, um damit umgehen zu können. Indes: Je vollendeter die Automatik, desto größer die Fehlerquellen. Man sollte nicht vergessen, daß es auch einfache, automatikfreie Möglichkeiten gibt; vor allem aber sollte man die Beherrschung jener einfachen Möglichkeiten nicht verlernen.
Abb. 32 zeigt einen Goniorahmen. Der senkrechte Stab in der Mitte dient der Seitenbestimmung, denn erst die Zusammenschaltung beider Antennensysteme führt zur Bildung eines elektrischen Systems, das eine eindeutige Seitenbestimmung gestattet.

Koden Automatic Direction Finder

Das Bedienungsgerät Automatic Direction Finder KS-510-K (Abb. 33) von der japanischen Firma Koden wird in der Bundesrepublik von mehreren Firmen angeboten. Es ist auch mit einer zusätzlich in die Skala integrierten, digitalen Frequenzanzeige erhältlich. Allerdings läßt sich eine solche Frequenzanzeige auch nachträglich außerhalb des Gerätes anordnen.
Die Funktion der Anlage ist ausgezeichnet. Im Gegensatz zu den bereits erwähnten Automatik-Goniopeilern handelt es sich hierbei um ein selbständiges Gerät, das heißt, außer der Peilautomatik enthält das

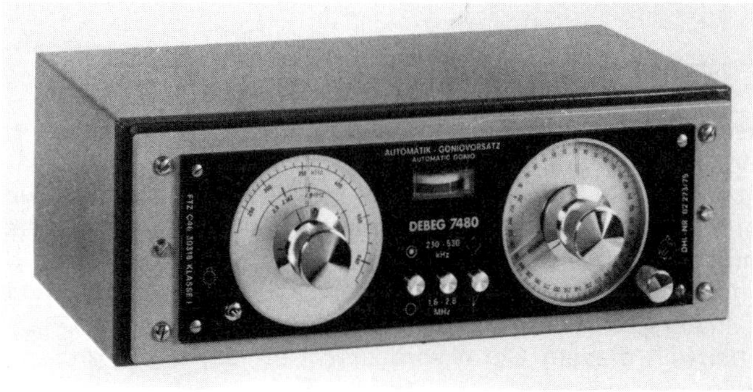

Abb. 31 Automatik-Goniovorsatz Debeg 7480.

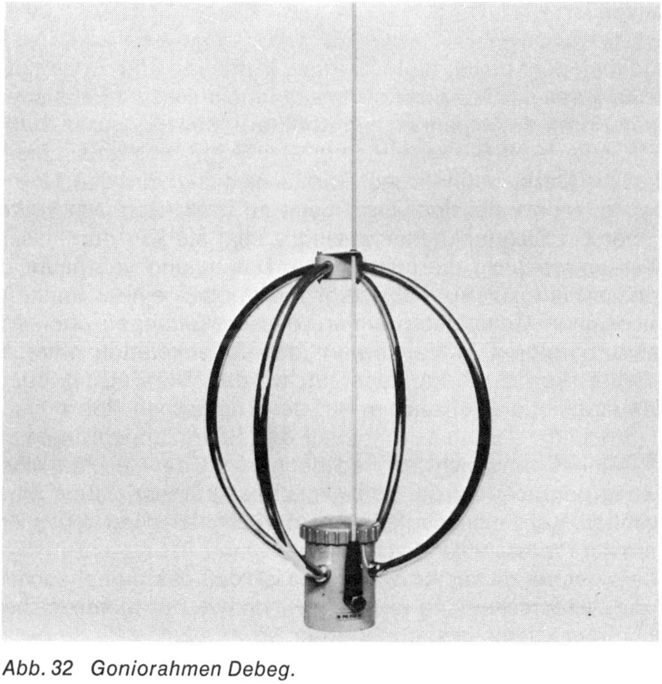

Abb. 32 Goniorahmen Debeg.

Gehäuse auch den Empfänger, der überdies auf einer Reihe anderer Frequenzen benutzt werden kann.
Der unbestreitbare Nachteil dieses Gerätes besteht in seiner wuchtigen Ausführung; es könnte ohne weiteres in einem weniger schweren und unförmigen Gehäuse untergebracht werden.
Der Empfänger kann mit insgesamt sechs Quarzen bestückt werden und ist im übrigen auf Einseitenband durchstimmbar.
Die Arbeit mit diesem Gerät wird erschwert durch die englische Beschriftung.

Sichtfunkpeiler

Während bei den bisher aufgezeigten Verfahren die Ermittlung des Peilwertes durch ein Anzeigeinstrument, im einfachsten Falle sogar nur durch das Hören des Minimums im Kopfhörer bewirkt wurde, bringt der Sichtfunkpeiler (Abb. 34) uns einen großen Schritt vorwärts. Leider sind die auf dem Markt befindlichen Geräte nicht nur für den Normalverbraucher zu teuer, sie sind auch meist zu groß. Dennoch sollte man etwas über die Sichtfunkpeiler wissen, zumal sie von den klassischen Peilverfahren vielleicht die instruktivste Darstellung überhaupt geben.
Das Prinzipschaltbild (Abb. 35) zeigt rechts oben einen Ringkreuzrahmen, also einen Goniometerrahmen, dessen Leitungen über entsprechende Aufbereitung in Verstärkern den Ablenkplatten einer Braunschen Röhre (Fernsehröhre) zugeführt werden. Die Technik erlaubt es hier, das einfallende Peilzeichen auf der Braunschen Röhre als leuchtenden Strich darzustellen. Ein über der Röhre angeordnetes, drehbares Peillineal ermöglicht es, nachdem es mit der Leuchterscheinung in Deckung gebracht wurde, den Winkel zur Vorausrichtung bzw. zum vorgewählten Kurs einzustellen – also auch hier wieder das Analogverfahren zur Plathschen Peilscheibe.
Besonders gut bei dieser Art von Peiler ist, daß das Signal auch hörbar bleibt; die Lichterscheinung taktet im Rhythmus der Morsezeichen. Die Abbildung des Strichs gestattet in ihrer Schärfe einen Eindruck von der Qualität und damit von der Brauchbarkeit der Peilung, aber was viel wichtiger ist: Etwa auf gleicher Frequenz arbeitende Störsender werden mit abgebildet, jedoch wirken sie nicht verzerrend auf die Darstellung

Abb. 33 Koden Automatik Direction Finder KS-510-K (ELNA).

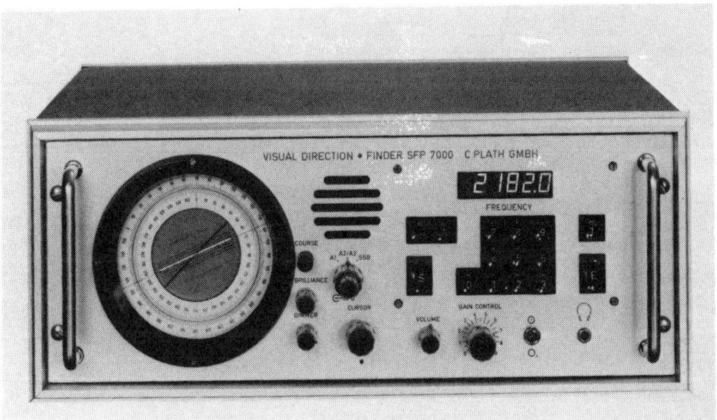

Abb. 34 So sieht ein moderner Sichtfunkpeiler aus (Plath). Deutlich erkennbar die beiden Kreisteilungen mit dem drehbaren Peillineal, rechts das Tastenfeld zur Frequenzeinstellung.

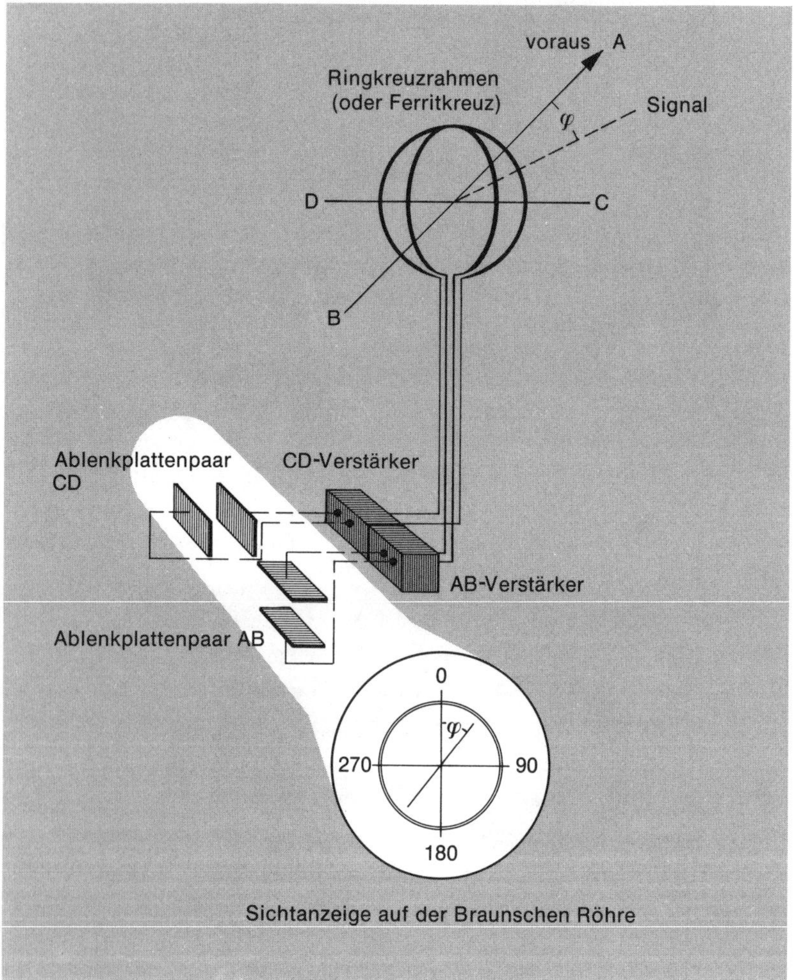

Abb. 35 Prinzipschaltbild des Sichtfunkpeilverfahrens.

Abb. 36 a) Der helle Leuchtstrich in der Mitte des runden Bildfensters stellt das Peilergebnis dar. Mit Hilfe des über dem Bildschirm drehbaren Peillineals ist es an der Teilung sehr genau abzulesen. Gibt der Sender Kennung oder werden Consolzeichen empfangen, taktet die Lichterscheinung in deren Rhythmus. Man kann also Consol auch optisch zählen. Dabei bleibt im Lautsprecher die Lautstärke voll erhalten (also keine Minimumpeilung). Störungen wie Nachteffekt usw. machen sich nur in Verformungen des Strichs bemerkbar, ohne jedoch dessen Richtung zu beeinflussen.

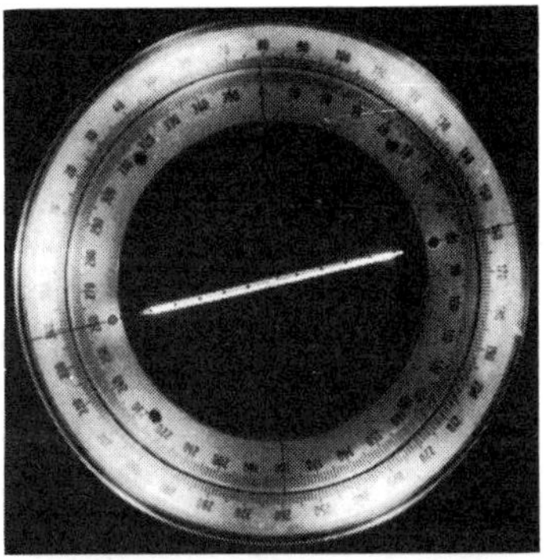

b) Das Auftreten eines Störers auf der gleichen Frequenz verfälscht das Ergebnis nicht. Auf dem Bildschirm entsteht ein leuchtendes Parallelogramm, dessen Seiten die Richtungen beider Sender angeben.

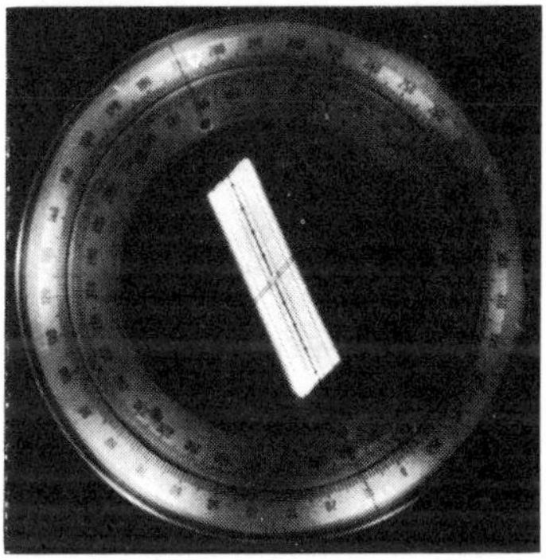

c) Drei Sender liegen auf der gesuchten Peilfrequenz. Es entsteht ein scheinbar räumliches Gebilde, dessen Seiten bestimmend für alle drei Sender sind.

der Einfallsrichtung im Bildschirm, sondern es ist auch die Richtung des zweiten Senders neben dem ersten gut zu ermitteln. Selbst ein dritter Störsender wäre noch gut in seiner Richtung auszumachen. Die Erscheinung eines räumlichen Gebildes gestattet das Anlegen des Peillineals an alle drei Kanten und damit die Ermittlung aller dreier Sender.
Die Abb. 36 a, b und c zeigen Leuchtschirmaufnahmen eines Plathschen Sichtfunkpeilers.

Homing-Verfahren

Das sogenannte Homing-Verfahren stammt aus der Luftfahrt. Es werden damit, wenn auch auf ganz anderen Frequenzbereichen als in der Schiffahrt, Zielanflüge zum Beispiel bei Seenotfällen gemacht.
Das Wesentliche beim Homing-Verfahren ist folgendes: Der Empfänger wird wie üblich auf die Frequenz des zu peilenden Funkfeuers abgestimmt. Dabei bewegt sich der inmitten der Rose der Abstimmskala befindliche Zeiger eines Meßinstrumentes entweder nach links oder nach rechts.
Der Peilvorgang besteht nun darin, daß man an der Skalenteilung so lange dreht, bis der Zeiger des Instrumentes sich in die Null-Lage einpendelt; damit ist die gesuchte Peilung gefunden und auch gleichzeitig die richtige Seite bestimmt.
Grundsätzlich ist der Plath Angulus (Abb. 37) auch ein Minimumpeiler, und man kann ihn selbstverständlich auch wie einen solchen benutzen. Das Bemerkenswerte bei ihm aber ist der Einsatz des erwähnten Homing-Verfahrens.

Anmerkung

Bei den Anlagen zur Funkpeilung müssen wir unterscheiden zwischen solchen, die der reinen Funknavigation dienen, und Kombinationsgeräten, die noch weitere Aufgaben zu erfüllen haben. Man sollte also auch etwas von den anderen Eigenschaften der Kombinationsempfänger wissen, selbst wenn diese Eigenschaften mit der Funknavigation nur bedingt oder überhaupt nicht in Verbindung stehen.

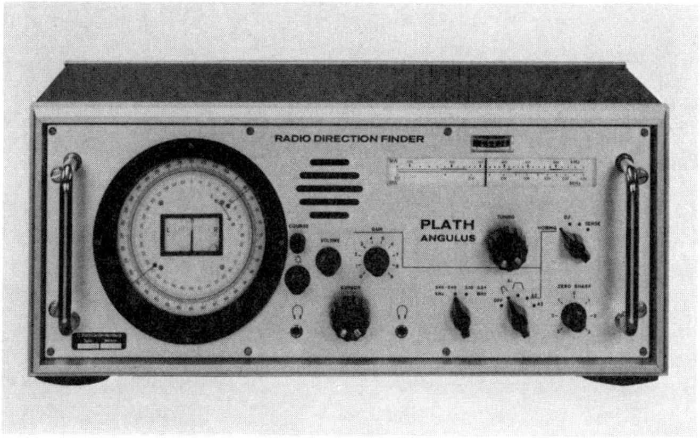

Abb. 37 Plath Angulus.

Hier ist es von außerordentlicher Wichtigkeit, sich über das Thema „Einseitenbandtechnik“ eingehend zu informieren. Empfänger, die als Kombinationsempfänger auch den sogenannten Grenzwellenbereich, also das Frequenzband von 1605 bis 3800 kHz enthalten, müssen heute Einseitenbandempfänger sein, denn: Ab 1. Januar 1983 erfolgen alle Aussendungen der internationalen Küstenfunkstellen im Seefunkdienst nur noch in Einseitenbandtechnik.

Geräte, die keine Einseitenbandempfänger sind, können solche Aussendungen nicht empfangen. Sie lassen sich auch nicht nachträglich umrüsten.

Beim Erwerb eines solchen Empfängers ist noch zu berücksichtigen, ob die Anlage der reinen Empfangstechnik dienen oder ob sie möglicherweise später zu einer kompletten Grenzwellen-Seefunkstelle ausgebaut werden soll. Es gibt nur wenige Empfänger, die für die Zulassung durch die Deutsche Bundespost für einen späteren Ausbau zur Grenzwellen-Seefunkstelle geeignet sind.

Abb. 38 zeigt ein kleines neu auf dem Markt erschienenes Einseitenbandgerät, das besonders durch seine geringen Abmessungen und durch seinen Preis besticht, bei dem es sich aber um einen Nur-Empfänger handelt. In Abb. 39 ist ein Beispiel aus einer ganzen Empfängerreihe dargestellt, die insgesamt die Möglichkeit zum späteren Ausbau zur Seefunkstelle ermöglicht.

Abb. 38 Naviscope SE 578 von Datatron.

Abb. 39 Sailor 7281 von Debeg.

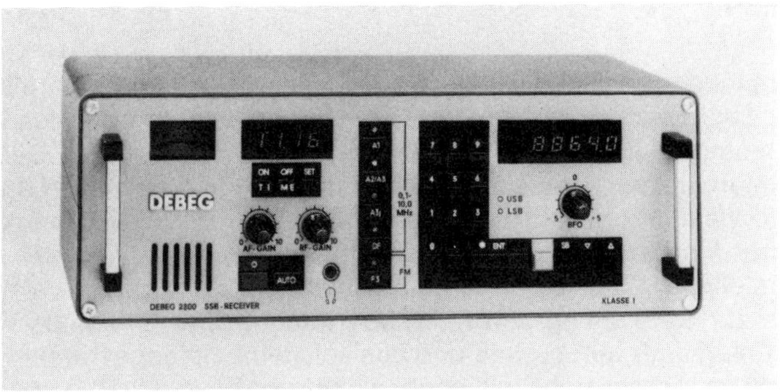

Abb. 39a Der zur Zeit der Niederschrift dieser Zeilen gerade in ersten Stücken auf den Markt gekommene Debeg 2800. Ein wirklicher Einseitenbandempfänger, der auch die letzten Bedingungen der Deutschen Bundespost bezüglich der Arbeitsweise bei dem Sendeverfahren A3J (siehe Text) erfüllt.

Dennoch ist er, trotz seines recht hohen Preises, nur ein „Empfänger mit begrenztem Anwendungsbereich“. Dies ist ein technischer Begriff der Bundespost und besagt, daß das Gerät nicht in der Kombination mit einem entsprechenden Sender benutzt werden kann (jedenfalls nicht in der jetzt auf dem Markt befindlichen Technologie).

Kritisch fragen muß man bei der Betrachtung des Gerätes allerdings, weshalb eine deutsche Herstellerfirma ein in Deutschland gebautes Gerät, das, wie wir hören, auch in Deutschland konstruiert wurde, mit für die Allgemeinheit unverständlichen englischen Beschriftungen versieht. Bezeichnungen wie AF-Gain und RF-Gain, Upper Side Band und Lower Side Band, On, Off, Set und Receiver sollten auf einem deutschen Empfänger vermieden werden, weil dies erfahrungsgemäß zu Bedienungsfehlern führt. Auch die Möglichkeit, das im internationalen Seefunkdienst nicht verwendete Seitenband schalten zu können, mag für Amateurfunker von Interesse sein, für den durchschnittlichen Yachtskipper stellt dies schlicht gesagt eine Störquelle dar. Und warum auf der Eingabe-Taste englisch ENT steht, ist auch nicht einzusehen.

Das Gerät überstreicht eine große Bandbreite: von 100 Kilohertz bis 10 Megahertz. Damit sind der Peilbereich, der Langwellenrundfunk, der Mittelwellenrundfunk und der Grenzwellenseefunkbereich, ja sogar die Kurzwellenbereiche 4 und 8 Megahertz abgedeckt. Im Hinblick darauf, daß die Kurzwelle für die Sportschifffahrt immer interessanter wird, wäre eine noch weitergehende Bandbreite etwa bis 27 Megahertz oder doch bis 18 Megahertz sehr wünschenswert gewesen. Überdies kann man mit diesem Gerät auch den UKW-Rundfunkbereich (mono) empfangen. Rundherum gesagt: der erste wirklich brauchbare Schritt in die A3J-Zukunft.

Die Empfänger*

Als Empfänger bezeichnet man Geräte, die in der Lage sind, hochfrequente Energie, die mit einem Luftleiter (Antenne) aufgenommen wurde, in geeigneter Weise zu verarbeiten und für den menschlichen Gebrauch konsumierbar zu machen. Diese Konsumierbarmachung kann außerordentlich vielfältiger Natur sein: vom Empfang und der Hörbarmachung einfacher Morsezeichen über Musikempfang, Sprache, Fernsehen, Radardarstellung, Signale von Ortungsfunkanlagen und andere Meßwerte bis hin zur Darstellung von Datenübertragung. Diese Signale werden durch Empfänger aufbereitet, und alle solchen Empfänger sind Hilfsmittel, die dem Menschen dazu dienen, elektrische Wellen in Bild und Schrift hörbar oder sichtbar zu machen.
Wir befassen uns hier vorwiegend mit den Empfängern für Peilzwecke, zum Empfang von Nachrichten, Telegrammen usw. und von Gesprächen. Der Großteil der auf Yachten eingesetzten Empfänger sind Kombinationsgeräte, das heißt, sie dienen sehr häufig dem Empfang von Rundfunksendern, also all dem, was man unter Unterhaltungsrundfunk versteht (Mittel- und Langwellenbereich). Sie dienen ferner dem Empfang des internationalen Seefunkbereiches (der auf manchen Empfängern als Marineband bezeichnet wird), und sie haben häufig eine besonders herausgezogene Skalenteilung für den sogenannten Navigationswellenbereich, also den Bereich der sogenannten Seefunkfeuer.
Dazu gehören dann auch in fast allen Fällen zwei verschiedene Antennenanschlußmöglichkeiten: der Anschluß für die sogenannte Rundempfangsantenne und für ein geeignetes Funkpeilinstrument, sei es einer der bereits erwähnten Handfunkpeiler oder ein Drehrahmen- bzw. Goniopeiler, für den meist noch ein besonderes Zusatzgerät vorzuschalten ist. Die Kombination bringt für den Yachteigner räumliche und finanzielle Einsparungen. Schließlich ist er – im Gegensatz zur Berufsschifffahrt – sein eigener Kapitän und Navigator und auch sein eigener Funker. Alle Gespräche und Telegramme, die von den nationalen und internationalen Küstenfunkstellen im Grenzwellen-, Mittelwellen-, Kurzwellen- und UKW-Bereich verbreitet werden, können von all denjenigen, die eine geeignete Anlage besitzen, mitgehört werden. Der Inhalt solcher

** siehe auch Anhang*

Gespräche unterliegt jedoch dem Schutz des Gesetzgebers, der sich in Deutschland durch das Wort *Fernmeldegeheimnis* manifestiert. Wer ein Funkzeugnis erwirbt, wird aus diesem Grunde noch besonders auf eben dieses Fernmeldegeheimnis verpflichtet. Aber auch ohne diese Verpflichtung ist der das Gerät Bedienende gehalten, dafür Sorge zu tragen, daß Gesprächsinhalte nicht dritten Personen zur Kenntnis kommen. Man muß also gegebenenfalls mit Kopfhörern arbeiten. Die in Yachthäfen immer wieder beobachtete Methode, zur Zeit des Wetterberichtes einen Lautsprecher ins Cockpit zu stellen und den Wetterbericht, vielleicht sogar Telegramme des einseitigen Sprechfunkverkehrs weithin zu verbreiten, ist strafbar.

Wer einen Empfänger besitzt, weiß, daß er dafür eine Gebühr bezahlen muß. Wer einen Fernsehempfänger besitzt, muß dafür eine weitere Gebühr bezahlen. Wer einen Seefunkempfänger besitzt, muß dafür ebenfalls eine weitere Gebühr entrichten. Auch dann, wenn der Empfänger ein Rundfunkempfänger ist, der gleichzeitig einen Seefunkempfangsteil beinhaltet, muß zweimal Gebühr bezahlt werden. Mit anderen Worten: Ungeachtet der Rundfunkgenehmigung ist für einen Seefunkempfänger beim Fernmeldeamt 6 der Deutschen Bundespost in Hamburg eine Genehmigung zu beantragen. Dabei wird dem Schiff gleichzeitig ein Rufzeichen zugeteilt, sofern man die Teilnahme am einseitigen Sprechfunkverkehr ebenfalls beantragt. (Wenn ein Schiff später zusätzlich mit einer Seefunkstelle mit Sender ausgerüstet wird, bleibt dieses Rufzeichen erhalten.)

Seefunkempfänger sind keine High-Fidelity-Empfänger. Der Grundig Satellit macht dabei eine Ausnahme, ebenso wie vergleichbare andere Geräte. Wir verlangen zu Hause von einer High-Fidelity-Aufnahme, daß sie Frequenzen von 20 bis 20 000 Hz möglichst geradlinig überträgt. Solche Anlagen besitzen überdies noch Baßanhebung und Höhenanhebung sowie Equalizer und natürlich auch die mehr oder weniger riesigen Lautsprechersätze, um die große Musikleistung zu verbreiten. Wir wissen, daß die Sprecher von Nachrichtensendungen, wenn sie über eine solche Anlage gehört werden, meist nicht so sehr gut zu verstehen sind, und deshalb verfügen viele solcher Empfänger auch über eine Sprache/Musik-Taste. Das heißt, wenn man auf die Sprachtaste drückt, wird der Sprecher deutlicher und klarer, wenn auch die Sprache nicht mehr so voll und rund und vor allem nicht mehr so tief klingt.

Es ist eine alte Weisheit, daß in bezug auf die sogenannte Sprachverständlichkeit der Frequenzbereich von 400 bis 4000 Hz nicht nur vollkommen ausreicht, sondern am besten geeignet ist. Der beste Beweis dafür ist das Telefon, denn dies vermag auch nicht mehr als den genannten Bereich zu übertragen. Musik über eine solche Telefonleitung geschickt, würde flach und blechern klingen.

Für einen Seefunkempfänger gilt das gleiche wie für ein Telefon. Der Berufsseefunker arbeitet noch häufig mit Kopfhörern. Ihm ist eine gute Sprachverständlichkeit wichtig, und nur diese strebt er an. So sind denn auch alle Seefunkempfänger für Berufszwecke mit sogenannten *Speech Clipper* versehen, die für die Sprachverständlichkeit unnötige Frequenzen nach oben und nach unten abschneiden und nicht bis zum Wiedergabeorgan, Lautsprecher oder Kopfhörer, durchlassen. Der Funker wird dadurch auch nicht von den zahlreichen Nebengeräuschen gestört und kann seinen Text sehr viel besser aufnehmen. Und für den, der mit Kopfhörern oder mit einem kleinen Lautsprecher hört, braucht man keinen großen Verstärker. So sind auch die ganz großen und ganz teuren Berufseefunkempfänger nur mit ganz kleinen Endstufen ausgestattet. Hier kommt es auf außerordentliche Trennschärfe, außerordentliche Empfindlichkeit und höchste Empfangsleistung an.

Wer also an Bord darauf Wert legt, gute Musikwiedergabe zu haben, der muß schon außer seinem Seefunkempfänger noch ein geeignetes Rundfunkgerät mitführen.

Bequarzt

Wer sich heute für Seefunkempfänger interessiert, wird immer wieder mit dem Begriff „bequarzt“ konfrontiert. Was bedeutet das? Quarze wie der Halbedelstein Turmalin sind kristalline Gebilde, die man auch künstlich herstellen (züchten) kann. Solche Quarze haben ganz erstaunliche elektrische Eigenschaften. In sogenannten Kristallmikrofonen verwandeln sie Sprach- und Musikschwingungen in elektrische Schwingungen, so etwa bei der Abtastung von Schallplatten. Man verwendet sie auch in manchen Feuerzeugen zur Erzeugung des Zündfunkens.

In der Funkerei aber spielen sie eine ganz besondere Rolle: Elektrische Schwingungskreise, mit denen man Aussendungen erzeugt oder bestimmte Frequenzen empfängt, sind meist in ihrem elektrischen Verhalten nicht stabil. Besonders Wärme vermag eine Reihe elektrischer Eigenschaften der verwendeten Bauteile störend zu beeinflussen.

Quarze können solche Störungen in sehr weitem Maße verhindern. Man kann sie so einsetzen, daß sie in elektrischen Schwingungskreisen extrem stabilisierend wirken, und das ist besonders bei der Einseitenbandtechnik von großer Wichtigkeit. Wenn man ein Gerät nach einigen Stunden des Nichtgebrauchs einschaltet, muß es trotzdem genau auf der eingestellten Frequenz senden oder empfangen. Quarze sind also geeignet, bestimmte Frequenzen zu fixieren.
Wer mit sehr vielen Frequenzen arbeiten muß, der müßte auch sehr viele Quarze verwenden, und Quarze sind teuer. Aber: Ein bequarztes Gerät ist, was seine Frequenzgenauigkeit betrifft, stets besonders zuverlässig. Im übrigen lassen sich bequarzte Geräte von Anfängern oder Ungeübten fast immer leichter bedienen als durchstimmbare Geräte. Deshalb läßt die Bundespost für Sender derzeit auch nur Geräte zu, die mit fester Frequenzausrüstung versehen sind.

Synthesizer

Das Wort Synthese gibt es heute in allen möglichen Zusammenhängen. Es kommt aus dem Griechischen und bedeutet etwa „Zusammensetzung". Bei einem synthetischen Medikament ist also etwas „zusammengesetzt", sprich: künstlich erzeugt worden. Bei unseren Synthesizerempfängern und -sendern werden auf elektronischem Wege die von uns benötigten Sende- oder Empfangsfrequenzen erzeugt, die man, wie im vorigen Abschnitt erläutert, früher etwa mittels Sende- oder Empfangsquarz erzeugt hat. Das Großartige an der Geschichte ist nun, daß man heute mittels solcher Synthesizer quarzstabile Frequenzen erzeugen und halten kann und dies über große Bereiche, also etwa über das ganze Band, dessen wir uns bedienen. So ist die künstliche Frequenzaufbereitung bei dem neuen Empfänger Debeg 2800 (Abb. 39a) geeignet, den Bereich von 100 kHz bis 10 MHz stufenlos (genau gesagt in Schritten von 100 Hz, gemäß Bundespostvorschrift) zu überstreichen. Und jede eingestellte Frequenz ist so genau (oder besser) wie eine quarzstabilisierte.
Der neue Einseitenbandempfänger von Datatron Berlin (Datatron SE 800) und der neue Einseitenbandempfänger von ZN-Technik München (SSB E 802) reichen sogar von 100 kHz bis 18 MHz.
Beide Geräte sollen noch in diesem Jahr auf den Markt kommen. Besonders bestechend bei beiden letztgenannten Geräten ist ihre außerordentliche Kleinheit.

Die „neuen“ Verfahren Radar, Decca, Loran, Omega, Racon und Ramark

Die Bezeichnung „neu“ ist nicht so ganz zutreffend, doch in der Sportschiffahrt kamen die Verfahren Radar, Decca, Loran und Omega später zur Anwendung als das ursprüngliche Verfahren der Ermittlung eines Minimums.

Fassen wir noch einmal zusammen: Die bisher beschriebenen Verfahren mit Hilfe von Handfunkpeilern (selbständigen und kabelgebundenen), Drehrahmenpeilern und Goniometerpeilern (handbetrieben, automatischen, solchen mit Anzeige auf einer Braunschen Röhre) beruhen alle auf dem gleichen Phänomen: der Richtungsempfindlichkeit eines oder mehrerer miteinander kombinierter Antennensysteme. Die Ergebnisse dieser Verfahren sind *Standlinien,* die sich in einer Seekarte als *Gerade* von ihrem Ausgangspunkt, dem Funkfeuer, über den Standpunkt des Schiffes hinaus darstellen lassen. Mehrere solcher Standlinien schneiden sich in einem Punkt (in der Praxis ergeben sie ein Fehlerdreieck) und dienen so der Ermittlung des Standortes.

Nicht immer aber müssen Standlinien *Geraden* sein. Wir wissen aus der terrestrischen Navigation, daß bei Abstandsermittlungen durchaus auch ein Kreisbogen eine Standlinie sein kann. Aus der Schulzeit ist in Erinnerung, daß der Kreis eine Linie ist, deren sämtliche Punkte von einem Punkt, dem Mittelpunkt, die gleiche Entfernung haben. Wir werden später eine andere Kurve näher kennenlernen: die Hyperbel. Doch bitte keine Angst: Es ist nicht Sinn dieses Buches, mathematische Lehren zu erteilen. Man kann autofahren, ohne wissen zu müssen, wie ein Auto hergestellt wird, und man kann mit der Hyperbelnavigation arbeiten, ohne deren mathematische Herleitung zu kennen und zu können.

Zusammenfassend sei gesagt: Die im folgenden genannten Standortbestimmungsverfahren basieren auf *Zeitmessungen.* Gemessen werden meist die *Laufzeitunterschiede* elektromagnetischer Wellen zwischen dem ortenden Schiff und mehreren Sendern.

Um dies möglichst einfach begreiflich zu machen, wollen wir auf ein allgemein bekanntes Verfahren zurückgreifen, dessen Prinzip ähnlich

Abb. 40 Der Seafarer ist ein Echolot kombiniert mit einem Schreibgerät. Es läßt sich also nicht nur an der Skala links anhand der Lichtblitze die Tiefe unmittelbar ablesen, man kann auch den auf der rechten Seite befindlichen weißen Schreibstreifen mitlaufen lassen, auf dem die Wassertiefen aufgezeichnet werden.

ist (wenn der Vergleich auch nicht ganz korrekt ist): der Arbeitsweise des elektronischen Echolotes (Abb. 40). Dabei handelt es sich allerdings um Laufzeitmessungen von Schallereignissen, also um *akustische* (wenn auch für uns unhörbare) Vorgänge. Die sehr viel höhere Geschwindigkeit elektromagnetischer Wellen und eine Reihe anderer Unterschiede machen die Darstellung des wirklichen Verfahrens der Hyperbelnavigation schwieriger.
Die Erscheinung des Echos kann man wohl als bekannt voraussetzen: Ein Schallereignis, ein Pistolenschuß etwa, wird an einer Stelle ausgelöst und von einer mehr oder weniger weit entfernten reflektierenden Wand (Waldrand, Berg usw.) reflektiert. Mißt man mit einer Stoppuhr die Zeit vom Beginn des Schallereignisses bis zum Eintreffen des Echos, dann kennt man die doppelte Laufzeit des Schalls von seinem Ausgangspunkt bis zur Reflexionsebene. Ist nun noch die Geschwindigkeit des Schalls (hier durch die Luft) bekannt, dann läßt sich daraus durch die Zeitmessung multipliziert mit der Zahl der Schallgeschwindigkeit leicht die Entfernung bestimmen.
Das auf Schiffen verwendete Echolot arbeitet nach dem gleichen Verfahren. Ursprünglich wurden beim Auftreffen des Schalls auf die Wasseroberfläche tatsächlich Knallkörper gezündet und damit die Rückkehr des Schallereignisses vom Meeresboden akustisch gemessen. Inzwischen ist man längst vom Knallen abgekommen; heute „sendet" man mit Hilfe eines am Schiffsboden angebrachten Senders oder Gebers Schallsignale in Richtung Seeboden, deren Frequenz vom menschlichen Ohr nicht mehr wahrgenommen werden kann. Und dennoch: Es sind akustische Signale und *keine* elektromagnetischen Wellen.
Der Geber eines solchen elektronischen Echolotes ist gleichzeitig der Empfänger, und das heutige Verfahren bedient sich nicht einzelner Schallereignisse, sondern es wird fortlaufend gesendet und empfangen, was eine kontinuierliche Anzeige ermöglicht. Die einfachste und nach wie vor wohl auch zuverlässigste Art der Anzeige eines Echolotes ist die, daß man eine durch einen Elektromotor angetriebene Scheibe sich mit konstanter Geschwindigkeit drehen läßt. Beim Durchlaufen des obenliegenden Nullpunktes erhält eine Anzeigeröhre einen kurzen Stromstoß, der einen gut sichtbaren Lichtblitz verursacht, wodurch der Nullpunkt und damit gleichzeitig der Abgang eines Signals vom Geber aus markiert wird.

Während der Laufzeit des Schalls vom Geber bis zum Seeboden und zurück vergeht eine gewisse Zeit, in der sich eine Scheibe um ein bestimmtes Maß weiterdreht. Je größer also die Entfernung ist, desto größer wird der Teil des Kreises, den die auf der Scheibe befindliche Anzeigeröhre zurücklegt.
Beim Eintreffen des Echos am Geber erhält die Signalröhre den zweiten Stromstoß. Es entsteht wiederum ein Lichtblitz, der nun zum unmittelbaren Ablesen der Wassertiefe dient. Zu diesem Zweck ist die sich drehende Scheibe mit einer in Metern Wassertiefe geeichten Skala umgeben. Das heißt: Der Ablesende braucht nicht mehr die Geschwindigkeit des Schalls durch das Wasser mit einer gemessenen Zeit in Sekunden zu multiplizieren und, weil der Schall die zu messende Strecke zweimal durchläuft, durch zwei zu teilen. Vielmehr nimmt ihm diese Rechnung das Gerät ab, indem die Skala von vornherein den korrekten Wert anzeigt.
Beim Echolot bedient man sich also einer Zeitmessung, um eine bestimmte Strecke, eine bestimmte Entfernung darzustellen. Dies tun in mehr oder weniger veränderter Form die im folgenden dargestellten Verfahren auch.

Das Radargerät

Das Radargerät ist ein außerordentlich wichtiges Navigationshilfsmittel, das in den letzten Jahren vermehrt auch auf größeren Yachten eingesetzt wird. Besonders bei unsichtigem Wetter und bei Nebel ist es mit keinem anderen Navigationshilfsmittel zu vergleichen.
Bei dem Radarverfahren handelt es sich um ein Funkmeßverfahren mit Sichtanzeige. Von einer mit konstanter Geschwindigkeit umlaufenden Antenne werden auf sehr kurzen Wellenbereichen Impulse von kurzer Dauer ausgesendet. Treffen diese Wellen auf Gegenstände, die elektromagnetische Wellen reflektieren, so kommt der reflektierte Impuls zum aussendenden Antennengebilde zurück und wird von dort einem Sichtgerät zugeführt. Dieses Sichtgerät hat einen kreisförmigen Bildschirm (Braunsche Röhre, wie beim Fernsehen).
Beim sogenannten Relativradar, das wohl vorerst ausschließlich für Yachten in Frage kommt, ist der Mittelpunkt des Bildschirms die Dar-

stellung des eigenen Standpunktes. Man spricht von Relativradar, weil hier alle anderen Bewegungen *relativ* zu dem ja nur anscheinend festen Mittelpunkt dargestellt werden. Es gibt auch andere Verfahren, die aber sehr aufwendig sind.

Die abgehende Impulsfolge wird auf dem Bildschirm durch einen leuchtenden Strich dargestellt, der als Radius des Bildschirms synchron mit der Antenne umläuft. Eine ankommende reflektierte Welle ergibt auf dem Schirm eine Lichterscheinung. Ebenfalls auf dem Bildschirm erscheinen konzentrische Kreise, die bestimmte Entfernungen vom Mittelpunkt darstellen. Damit kann am Radargerät die Entfernung von einem reflektierenden Körper und seine Peilung zur Mittschiffslinie abgelesen werden. Ein Peillineal gestattet genaue Ablesung, mit einer Genauigkeit, die *besser als 1* ° ist.

Die Entfernungsringe sind überdies noch auf verschiedene Abstände umschaltbar, so daß dem Radarnavigator die Kontrolle über einen sehr erheblichen Bereich möglich ist. Bei größeren reflektierenden Objekten, Küstenlinien, Uferformationen, Brücken usw., setzen sich die Aufzeichnungen der reflektierten Impulse zu ganzen Bildern zusammen, die dem (geschulten) Schirmbeobachter sogar Vergleiche etwa mit der Seekarte gestatten.

Die Tonnen von Seestraßen und Seeschiffahrtstraßen sind heute weitgehend mit speziellen Radarreflektoren versehen, die das Auffinden der einzelnen Tonnen auch bei dickem Nebel ermöglichen. Und immer bekommt der Radarnavigator, beim Blick auf den Schirm, ein Rundumbild; er sieht, ohne den Kopf zu wenden, nach allen Seiten. Es bedarf einiger Übung, um sich mit der Auswertung des Radarbildes vertraut zu machen.

Natürlich gibt es störende Einflüsse. Auch Seegang und Regen bewirken Echos, die mit einer „Enttrübungsschaltung" nur bedingt unterdrückt werden können. Manche Eisenkonstruktionen rufen Sekundärechos hervor, die oft nicht nur den Anfänger verwirren.

Wie bei allen anderen Navigationsverfahren heißt es auch beim Radar: Üben, Erfahrungen sammeln und sich *nie* auf ein Navigationsverfahren allein verlassen, sondern soweit wie möglich zur eigenen Sicherheit auch andere Verfahren zu Hilfe nehmen.

Eines allerdings muß man wissen: Das Beobachten eines Radarschirms wirkt ermüdend. Dieser Ermüdungsfaktor ist noch recht gering, solange

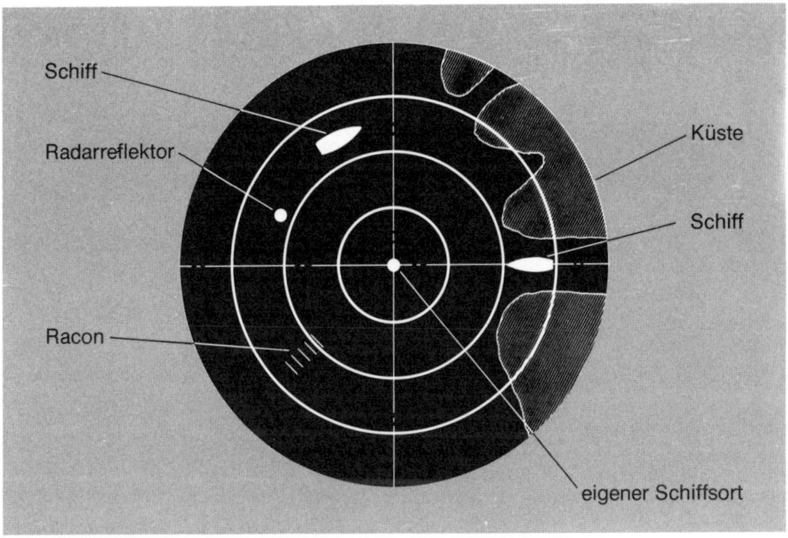

Abb. 41 Die Darstellung der Objekte auf dem Radarschirm erfolgt stets als statisches Bild. Das heißt, wenn nach dem Passieren des umlaufenden Strahls auf dem Bildschirm ein Objekt sichtbar wird, bleibt es dort bis zum nächsten Passieren des Strahls. Mit anderen Worten: Die Objekte stehen ständig still; nur im Moment des Passierens des gewissermaßen zeichnenden Strahls verändern sie ihren Platz auf dem Bildschirm, sofern sie ihren Platz gegenüber der Antenne geändert haben.

Ein Boot, das den Kurs des beobachtenden Schiffes verhältnismäßig schnell kreuzt, führt also auf dem Bildschirm keine kontinuierlichen Bewegungen aus, sondern es springt. Solche Ortsveränderungen können auch dadurch entstehen, daß das eigene Fahrzeug Gierbewegungen macht. Insofern kann diese Zeichnung nur ein vages Bild einer Bildschirmaussage vermitteln.

Die Ähnlichkeit der Abbildung auf dem Radarschirm mit dem aufgefaßten Objekt ist nur im Nahbereich zu erwarten. In größerer Entfernung entstehen fast immer mehr oder weniger große Punkte und bei Ufern oft sehr aufgelöste und lockere Konturen. Kurz: Es bedarf schon einiger Aufmerksamkeit, Phantasie und vor allem großer Übung, um etwa eine Seekarte mit einer Radarablesung in Einklang zu bringen. Dabei muß man auch Unterschiede zwischen dem Maßstab der zum Vergleich herangezogenen Seekarte und jenem des gerade eingeschalteten Radarbereichs berücksichtigen.

Abb. 42 Frei drehende Antenne des Koden-Radar mit Motorgehäuse usw. Die vom Hersteller auf der Vorderseite der Antenne angebrachte Beschriftung „Do not paint“ ist ein wichtiger Hinweis, denn hier tritt das Radarsignal aus, und ebenso wird hier das rückkehrende Echo empfangen. Diese Seite darf also nicht gestrichen werden.

man sich auf einer belebten Wasserstraße befindet und man außer Fahrzeugen möglicherweise Konturen der Küste oder des Ufers erkennen kann. Sehr anstrengend wird es, wenn man weit draußen im dicken Nebel den Radarschirm überwachen soll und lange Zeit nichts oder selten überhaupt etwas sieht. Das ist zwar sehr beruhigend, führt aber dazu, nach einiger Zeit nicht mehr hinzusehen. Und das ist nicht nur auf Yachten der Fall.
Auf den Seeschiffahrtstraßen Elbe, Weser und Ems gibt es noch ein anderes Radarverfahren, das allerdings nur für Besitzer einer UKW-

Abb. 43 zeigt das Sichtgerät zum Koden-Radar in Abb. 42. Gut erkennbar die beiden Rosenteilungen über dem Bildschirm. Die eine ist zusammen mit dem Peilkreuz drehbar. Die Bedienungsknöpfe auf der rechten Seite sind weitgehend mit Symbolen gekennzeichnet. Der erfahrene Radarpraktiker betätigt diese Knöpfe nach einiger Übung blind. Dadurch ist er nicht mehr genötigt, den Kopf von dem (hier nicht gezeigten) Einblicktubus zu nehmen und seine Augen wieder dem Licht auszusetzen. So erspart er sich das neuerliche Anpassen (Adaptieren) seiner Augen an das Bildschirmlicht.

Telefonieanlage nutzbar ist. Die Radarkette Weser, Elbe und Ems erteilt den Schiffen Einzelinformationen über zu steuernden Kurs usw. Die Anrufsprechwege sind dem „Nautischen Funkdienst" Band II zu entnehmen; dort finden sich auch weitere Hinweise auf Radarbaken (Racon, Ramark), auf deren Erläuterung hier verzichtet werden muß.

Racon und Ramark

Das Racon oder die Radarantwortbake ist eine sich immer weiter verbreitende Navigationshilfe für Radarfahrer. Vielleicht für Yachtskipper die interessanteste. Nur muß man wissen, wie ein solches Racon funktioniert: Radarantwortbake heißt, daß dies Gerät, wenn es von einem Radarstrahl getroffen wird, darauf antwortet. Allerdings gibt es da einen Haken. Die Radargeräte arbeiten nicht alle auf der gleichen Frequenz, es gibt also auch ein Radarfrequenzband: Wenn also ein solches Gerät für alle da sein soll, und das soll es ja, dann muß es auch alle Radarfrequenzen erfassen. Das geschieht so, daß der Empfänger der Anlage den Radarfrequenzbereich automatisch auf und ab läuft (Sendersuchlauf). Treffen dabei ankommender Radarstrahl und Empfängerabstimmung zusammen, dann antwortet das Racon auf der Frequenz des einfallenden Radarstrahls. Auf dem Schirm des Schiffsradar erscheint dann ein dicker Leuchtbalken. Wichtig zu wissen ist, daß der Balken auf den Schirmmittelpunkt zeigt, der Balken die Peilung angibt (die ja am Rand des Radarschirmes ablesbar ist) und daß das zum Schiff gerichtete Ende des Leuchtbalkens den Standort des Racon angibt. Mit Hilfe der Entfernungsringe läßt sich unschwer die Entfernung vom Racon bestimmen. Racon ermöglicht also eine recht brauchbare Bestimmung des eigenen Standortes.

Es hat einmal die Absicht gegeben, die Leuchtbalken der Racons in Form von Morsezeichen auf den Bildschirmen erscheinen zu lassen. Davon wird aber kaum Gebrauch gemacht. Auch das Racon auf dem Leuchtfeuer Kiel macht nur einen Leuchtstrich. Die Leuchterscheinung verschwindet recht schnell wieder. Nach welcher Zeit sie frühestens wieder erscheinen kann, findet man im SfK und im „Nautischen Funkdienst", bedauerlicherweise nicht im „Jachtfunkdienst". Die Anzahl der Racons ist auch bei uns schon sehr groß. Wer ein Radar hat, sollte sie nutzen.

Die Hyperbelnavigationsverfahren

Aus dem letzten Kapitel wissen wir, daß beim Hyperbelnavigationsverfahren die Standlinien nicht *Geraden* sein müssen (mathematisch ausgedrückt ist eine definierte gerade Linie eine *Gerade*). Und die Laufzeitmessungen haben wir bereits anhand des Echolot-Beispiels kennengelernt. Nun kommen wir zur *Hyperbel.*

Die Hyperbel ist eine Kurve von einer ganz bestimmten Form. Und bei den Verfahren Decca, Loran C und Omega spielt diese Kurvenform eine ganz bestimmte Rolle. Die Standlinien auf Decca-, Loran- und Omega-Karten sind stets Hyperbeln.

Was hat es mit der Hyperbel auf sich? Auch der Kreis ist, wie wir bereits wissen, eine Kurve. Er ist der geometrische Ort für alle Punkte, die von einem Punkt, dem Mittelpunkt, die gleiche Entfernung haben. Eine solche Definition gibt es auch für die Hyperbel: Alle Punkte, die den gleichen Entfernungs*unterschied* zu zwei anderen Punkten haben, liegen auf einer Hyperbel.

Alle Hyperbelverfahren arbeiten nach einem gemeinsamen Grundprinzip: Es wird in dem jeweiligen Empfänger eine Laufzeitdifferenz zwischen zwei Wellen bestimmt.

Decca

Beim Decca-Verfahren, das in England entwickelt wurde, wird mit vier Sendern gearbeitet: dem Hauptsender A und den mit den Farben Rot für den Sender B, Grün für den Sender C und Violett für den Sender D bezeichneten Nebensendern. Hier werden jeweils Phasendifferenzen zwischen Wellen gemessen, die von dem Sender A und einem der Sender B, C und D ausgehen.

Da es bei diesem Verfahren um Bruchteile von Sekunden geht, sind die von den Sendern abgestrahlten Signale sorgfältig synchronisiert. Die Ergebnisse solcher Phasendifferenzmessungen sind also Hyperbeln.

Mathematisch ausgedrückt: Der geometrische Ort gleicher Phasendifferenz ist eine Hyperbel.
Die Kenntnis dieser Tatsache nutzt man dazu, Seekarten anzufertigen, die ein eingedrucktes Netz von Hyperbelscharen aufweisen.
Die Anzeigeinstrumente der Navigationsgeräte, die *Decometer,* sind so eingerichtet, daß damit bestimmte Hyperbeln kenntlich gemacht werden, deren Schnittpunkt dann den Schiffsort darstellt. Sie arbeiten fortlaufend. Das heißt also, daß zu einer Standortbestimmung nicht erst irgendeine Messung vorgenommen werden muß. Es wird nur abgelesen, in die Karte gegangen und durch Aufsuchen des Schnittpunktes der Standort bestimmt.
Das gesamte Decca-System in Europa wird von der Decca Navigator Companie unter ständiger Aufsicht der britischen Regierung betrieben. Damit ist die Voraussetzung geschaffen, daß Störungen (die zu einer unzuverlässigen Anzeige führen können) unverzüglich der betroffenen Schiffahrt gemeldet werden. In der Bundesrepublik werden solche Störungsmeldungen als *Decca-Warnnachrichten* durch Norddeich Radio ausgestrahlt.
Decca ist ein Verfahren, das vorwiegend der Schiffahrt im europäischen Nahbereich dient. Es leistet an den Küsten von Ost- und Nordsee außerordentlich gute Dienste. Es werden auch ständig neue Decca-Ketten eingerichtet. Auf Yachten muß man auf Decca freilich noch verzichten, nicht nur wegen des hohen Preises, sondern auch wegen des sehr großen Raumbedarfs.

Loran

Während des Zweiten Weltkrieges wurde in den Vereinigten Staaten für die Luft- und Seestreitkräfte ein neues Navigationsverfahren entwickelt: das Standard-Loran-Verfahren (*l*ong *r*ange *n*avigation). Viele seiner technischen Voraussetzungen entstammen der Radartechnik.
Das heute angewendete Verfahren *Loran C* hat das bis vor kurzem noch für einige Teilgebiete im Einsatz befindliche Loran A abgelöst.
Wie Decca ist auch Loran ein Laufzeitmeßverfahren, dessen Ergebnisse sich in Hyperbeln darstellen. Der wesentliche Unterschied besteht jedoch darin, daß die nutzbaren überdeckbaren Bereiche beim Loran-C-

Verfahren sehr viel größer als beim Decca-Verfahren sind. Aber auch Loran ist in seiner Ausdehnung begrenzt. Die USA sind dabei, neue Loran-Sender einzurichten, um auf diese Weise die überdeckten Gebiete zu vergrößern. Damit wäre auch für Yachten, die über größere Seeräume zu navigieren haben, ein Loran-C-Gerät durchaus brauchbar. Bei einer Weltumseglung würde man freilich in Bereiche kommen, die von Loran nicht überdeckt sind.
Die grundsätzlichen Erfahrungen der Berufsschiffahrt mit dem Loran-Verfahren sind außerordentlich gut, insbesondere im Europa-Amerika-Verkehr.

Omega

Für die Langstreckennavigation wurde als bisher einziges weltumspannendes Funknavigationsverfahren das sogenannte Omega-Verfahren entwickelt. Nur acht Sender reichen zur Bedeckung der gesamten Welt aus. Die Stationen senden sogenannte *Längstwellen* aus, deren Frequenzen zwischen 10 und 14 kHz liegen. Auch hier sind die sich ergebenden Standlinien Hyperbeln; sie werden durch Messen der Phasendifferenz der Signale zweier Stationen ermittelt.
Wie kommt es, daß man bei diesem Verfahren nicht mehr als acht Sender für die ganze Welt braucht? Die verwendeten Längstwellen haben den Vorteil einer sehr geringen Dämpfung, einer außerordentlich hohen Phasenstabilität und sehr großer Empfangsreichweiten, deren Grenze bei etwa 10 000 sm liegt. Das bedeutet, daß die Verbindungslinien (Basislinien) zwischen zwei Stationen 5 000 bis 6 000 sm lang sein können. Wie schon gesagt, werden bei diesem Verfahren Hyperbeln ermittelt, und um eine solche Hyperbelschar bilden zu können, müssen zwei Sender, beispielsweise Sender A und Sender B, zur Verfügung stehen, deren geographische Lage bekannt sein muß. Damit ist auch die Lage der Hyperbeln fixiert.
Die mittlere Hyperbel steht senkrecht auf der Verbindungslinie. Befindet sich ein mit einem Phasendifferenz-Meßgerät ausgerüstetes Schiff auf dieser Mittelsenkrechten, so zeigt das Gerät 0° an, da die von den beiden Sendern phasengleich ausgestrahlten Signale auf Grund des gleichen Weges phasengleich ankommen. Bewegt sich das Schiff nun

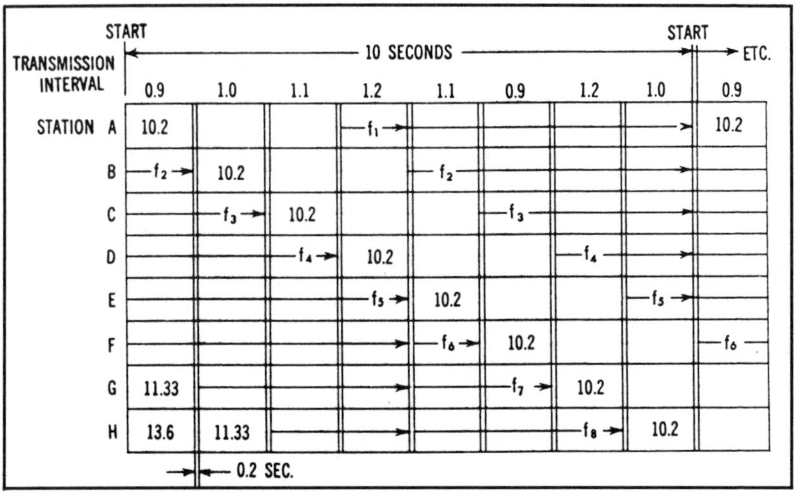

Abb. 44 Zeitschema der Omega-Aussendungen.

etwa in Richtung auf die Station A zu, zeigt das Gerät ständig wechselnde Werte an, da wegen der unterschiedlichen Wege die Signale nicht mehr gleichphasig sein können. An einem ganz bestimmten Punkt zeigt das Gerät dann 360° an, und damit ist das Schiff bei der nächsten Null-Hyperbel angelangt. Den Bereich zwischen zwei Null-Hyperbeln nennt man *Streifen.* In der Literatur und auf den im Handel befindlichen Omega-Karten werden diese Streifen mit dem englischen Wort *Lane* bezeichnet. Die Streifen sind noch einmal in *Centilanes* aufgeteilt.

Die sehr genau einzuhaltenden Zeitmessungen setzen voraus, daß Omega-Empfänger über eine gute Uhrenanlage verfügen. Der Empfänger muß nach dem Einschalten mit dem Sendeschema synchronisiert werden. Abb. 44 zeigt das Sendeschema der Omega-Stationen: A ist beispielsweise die Station in Norwegen, B = Liberia, C = Hawaii, D = North Dacota, E = Ile Réunion. Nach einem Blick in eine Omega-Karte würde sich etwa für den Bereich Nord- und Ostsee für ein Gerät, das drei Senderpaare verarbeiten kann, die Eingabe der Stationen AB, AD und BD ergeben. Für das östliche Mittelmeer käme die Kombination

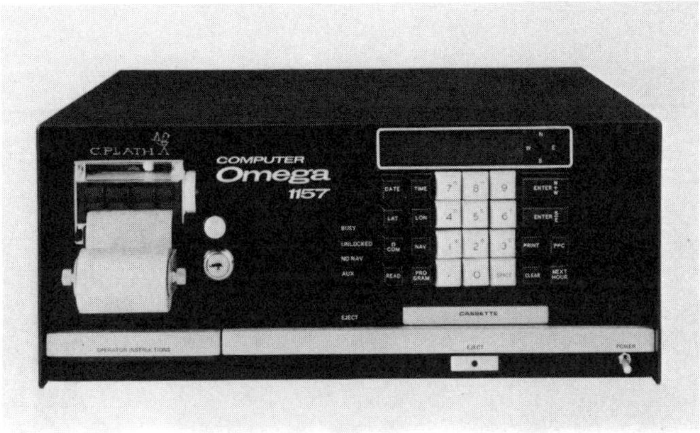

Abb. 45 Der Computer Omega 1157 von Plath gehört zu den Spitzenerzeugnissen seiner Art und hat sich in der Berufsschiffahrt einen achtbaren Marktanteil gesichert.

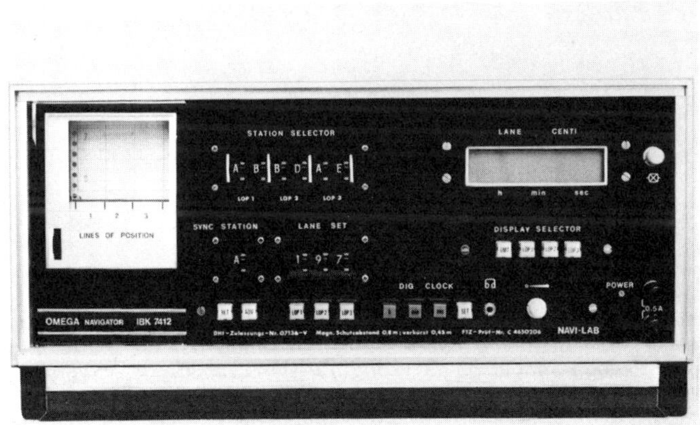

Abb. 46 Der Omega Navigator IBK 7412 ist von einem Münchner Ingenieurbüro wohl vor allem im Hinblick auf den Yachtmarkt konzipiert worden. Das Gerät wertet drei Standlinien gleichzeitig aus. Das bedeutet, daß der immerhin mögliche Ausfall einer Standlinie noch nicht dazu führt, daß der Standort nicht mehr korrekt zu bestimmen ist.

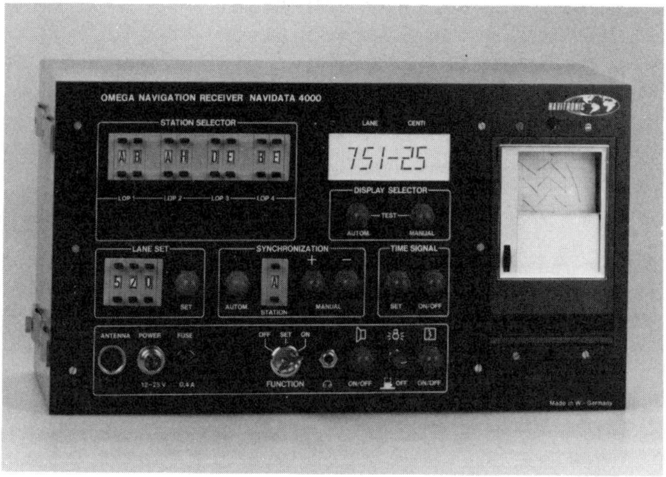

Abb. 47 Der Omega Navigation Receiver Navidata 4000 von Navidata wertet im Gegensatz zu dem in Abb. 46 vorgestellten Gerät sogar vier Standlinien aus. Die Verarbeitung der Meßwerte aller acht Omega-Sender bewirkt, daß der Benutzer nie gezwungen ist, eine Umprogrammierung auf ein anderes Senderpaar vorzunehmen, wenn etwa ein oder zwei Standlinien wegen zu geringer Schnittwinkel oder eines Senderausfalls für die augenblickliche Standortbestimmung nicht geeignet sind. Zu diesem Gerät gibt es ein fertiges Rechnerprogramm in Form von Magnetkarten für den Rechner 59 von Texas Instruments, mit dessen Hilfe die Ergebnisse der Omega-Auswertung in Länge und Breite umgerechnet werden können, was die Verwendung ganz gewöhnlicher Seekarten ermöglicht.

AB/BE/DE in Betracht. Das heißt, man wählt drei Senderpaare aus, deren Streifen und damit Standlinien senkrecht aufeinanderstehen. Man wird außerdem die nächstgelegenen Sender berücksichtigen.
Wie aus dem Schema ersichtlich, umfaßt ein Zyklus jeweils einen Zeitraum von 10 Sekunden, in dem die Sender 0,9 bis 1,2 Sekunden lang senden. Zwischen jeder Aussendung liegt eine Pause von 0,2 Sekunden. Für den Omega-Navigator gilt es also, zu Beginn der Reise sein Gerät zu synchronisieren und die zunächst zu verwendenden Senderpaare auszuwählen. Dann kann er an dem Anzeigeteil des Gerätes fortlaufend die Nummern der Hyperbeln (Streifen, Lane) ablesen. Gleichzeitig erfolgt eine Analoganzeige auf einem Streifen, die es ermöglicht, später den gefahrenen Kurs zurückzuverfolgen oder eintretende Fehler zu erkennen – es kann zu sogenannten Lane-Sprüngen kommen.
Das Omega-Verfahren hat eine ganze Reihe unübersehbarer Vorteile – auch für die militärische Nutzung, denn Omega ist sogar unter Wasser zu empfangen. U-Boote können also mit Omega navigieren, ohne auftauchen zu müssen. Indes, so ganz einfach, wie die Werbung dieses neue Verfahren dem Yachtskipper vorgestellt hat, ist es nicht. Daß sich nur ein mittlerer quadratischer Fehler von 1 bis 2 sm ergibt, setzt voraus, daß man die von der Defense Mapping Agency (USA) herausgegebenen Korrekturtafeln benutzt. Ansonsten können Fehler von ca. 8 sm durchaus auftreten.
Ohne Zweifel ist das weltumspannende Omega-Verfahren wegen seiner Reichweite einmalig und für Segler, die weite Reisen unternehmen, ein bei jedem Wetter funktionierendes zuverlässiges Navigationsmittel. Bei küstenferner Fahrt kann man wohl auch von der ständigen Anwendung der Korrekturtafeln absehen, denn bei Atlantiküberquerungen zum Beispiel ist ein Fehler von einigen Seemeilen nicht tragisch. In Küstennähe gilt es jedoch zu korrigieren: Man muß nicht nur Werte ablesen, sondern an diese Werte auch noch Beschickungswerte anbringen. Dies aber kostet Zeit, und der in der Regel in Küstennähe fahrende Sportskipper wird sich doch überlegen müssen, ob die vergleichsweise sehr teure Omega-Anlage dann noch gerechtfertigt ist (brauchbare Anlagen sind nicht unter 6000 Mark zu haben und kosten sehr wohl auch 10 000 Mark und mehr).

Für technisch Interessierte II

Alle Hyperbelverfahren arbeiten nach einem gemeinsamen Prinzip. Im Empfangsgerät wird eine Laufzeitdifferenz zwischen zwei Frequenzen bestimmt. Diese Frequenzen werden bei einigen Verfahren gleichzeitig, bei anderen mit einer Verzögerung, gegeneinander von zwei Sendern, die zu einer Sendergruppe gehören, abgestrahlt. Dabei kann die Entfernung zwischen solchen Sendern je nach der Verfahrensart einige hundert, aber auch einige tausend Kilometer betragen. Auch die Entfernung zweier Basispunkte ist von der Art des Verfahrens und der verwendeten Wellenlänge abhängig.
Die Auswertung von Empfangsergebnissen beruht bei allen Hyperbelverfahren auf der Zuordnung des Standortes zur Kurve mit gleicher Laufzeitdifferenz. Für jedes der im letzten Kapitel genannten Verfahren (Decca, Loran und Omega) gibt es Spezialkarten, auf denen die zugeordneten Hyperbeln eingezeichnet sind. Dabei ist von den Kartographen schon berücksichtigt, daß sich die Darstellung der Kurven durch die Krümmung der Erdoberfläche gegenüber der Darstellung in der Ebene verschiebt.
Es ist interessant zu wissen, daß man bereits im Ersten Weltkrieg

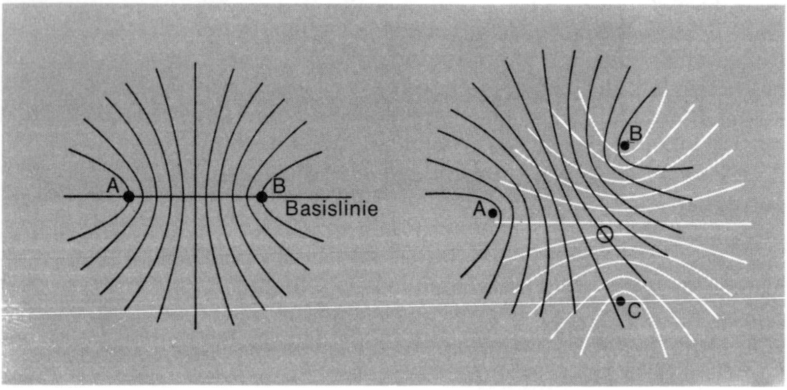

Abb. 48a Hyperbelnetz einer Basislinie.

Abb. 48b Hyperbelnetz zweier Basislinien.

akustische Schallmeßverfahren durchgeführt hat, um auf diese Weise Standorte schwerer feindlicher Geschütze zu ermitteln. So sah sich bei der Beschießung von Paris durch die „Dicke Berta" die deutsche Heeresleitung veranlaßt, bei jedem Abschuß eines Geschützes gleichzeitig einige hundert andere Geschütze feuern zu lassen, um auf diese Weise die Ermittlung des Standortes und des Abschußortes zu vermeiden.
Abb. 48a zeigt die Linien konstanter Laufzeitunterschiede zur Basislinie AB. Diese Linien sind Hyperbeln. In Abb. 48b ist das Hyperbelnetz zweier Basislinien zu sehen. Die Standortbestimmung erfolgt hier durch die Messung der Laufzeiten von B nach A und von B nach C. BA legt die linke obere Hyperbel, BC die untere nach rechts verschobene fest. Der Schnittpunkt, der hier durch einen kleinen Kreis angedeutet ist, stellt dann den gesuchten Ort dar.

Satellitennavigation

Vor ein paar Jahren war es Omega, das alle Herzen höher schlagen ließ. Omega war das Nonplusultra, und wer über das notwendige Kleingeld verfügte, war schnell bei der Hand, ein solches Gerät teuer oder weniger teuer oder gar billig zu kaufen. Das Omega-Verfahren hat sich seinen Platz in der Berufsschiffahrt erobert, in Yachtskipperkreisen ist es um Omega jedoch erstaunlich still geworden. Aber es gibt ja immer wieder etwas Neues. Derzeit ist es der Satellitennavigator, der die Stelle des „Nonplusultra" eingenommen hat. Und schon wachsen wieder an allen Ecken Produzenten immer neuerer und immer billigerer Geräte aus dem Boden, die Fachpresse überschlägt sich vor Eifer, aber wer einmal mit den zuständigen Herren etwa des DHI spricht, der müßte eigentlich nachdenklich werden. Er wird nämlich erfahren müssen, daß zum Satellitennavigator noch eine Menge dazugehört: ein Kompaß, der seine Werte an das Gerät überträgt, ein Geschwindigkeitsmesser, der seine Werte an das Gerät überträgt usw. So ein Satellitennavigator benutzt nämlich den umlaufenden Satelliten zu einer phantastisch genauen Standortbestimmung. Danach aber plottet er, das heißt, bis zum zweiten Satellitendurchgang gibt es jeweils nur ein gegißtes Besteck, dessen Genauigkeit davon abhängig ist, wie gut die Geschwindigkeit des Schiffes über Grund durch die Hilfsaggregate bestimmt werden kann.

Erst der nächste Satellitendurchgang ergibt wieder einen genauen Wert. Na und? Nun, in unseren Breiten können zwischen zwei Satellitendurchgängen immerhin 90 min vergehen, und da kann ja wohl bei starkem Wind und starker Strömung allerhand geschehen.
Wer einen Satellitennavigator haben will, dem sei empfohlen, sich dort beraten zu lassen, wo es nicht um das Verkaufen geht: beim DHI.

Anhang

Peilen auf UKW?

Immer wieder wird die Frage gestellt, ob es denn brauchbare Peilmöglichkeiten auf UKW gäbe.
Grundsätzlich kann dazu gesagt werden, daß es durchaus die Möglichkeit gibt, auch ultrakurze Wellen zu peilen. Allerdings muß man da einige Vorbehalte machen. Ultrakurze Wellen sind sehr leicht ablenkbar. Es sollten sich also zwischen dem Peilenden und dem gepeilten Objekt keine größeren Hindernisse befinden. Durch diese Tatsache ist es nahezu ausgeschlossen, daß UKW als Peilmedium für navigatorische Zwecke zum Einsatz kommen kann.
In einer Hinsicht allerdings kann die Peilmöglichkeit auf UKW nur begrüßt werden, nämlich im Seenot-Rettungsdienst. Die große Anzahl von Schiffen, die derzeit ausschließlich mit UKW-Sendeanlagen ausgestattet sind, kann im Seenotfall nur erfaßt werden, wenn eine entsprechende Peilmöglichkeit besteht. Hier vor allem liegt der Sinn des Peilens auf UKW. Man darf hoffen und annehmen, daß immer mehr größere Schiffseinheiten mit solchen UKW-Peilanlagen ausgerüstet werden, damit gegebenenfalls die erforderliche Hilfeleistung durch schnelle Ortung des Havaristen beschleunigt werden kann. Für die Eigennutzung solcher Anlagen auf Yachten scheint mir vorerst keine Möglichkeit zu bestehen, es sei denn, daß etwa Clubs bei Regatten über größere Seeräume Begleitschiffe mit solchen Anlagen ausrüsten. (Beim Fastnet Race wäre so etwas durchaus zu empfehlen.)
Informationen über solche Peilanlagen erhält man in Deutschland bei der Debeg in Hamburg oder direkt beim Hersteller der Firma Simrad in Oslo/Norwegen. Das Gerät heißt Simrad NW Automatic VHF Direction Finder.

Wetternavigation

Wie schon erwähnt, macht vielen Leuten die Entzifferung von Morsezeichen recht erhebliche Schwierigkeiten. Und leider ist es so, daß man Morsezeichen nicht in einem Schnellkurs erlernen kann. Dennoch ist seit einiger Zeit die Benutzung der internationalen Wetternachrichten in Morseschrift auch Unkundigen möglich. Es gibt jetzt Geräte die Morsezeichen auf elektronischem Wege in lesbare Laufschrift umwandeln. Alle Zahlen und Zeichen, die es im Bereich der Morseschrift gibt, werden auf einem Projektionsfeld als durchlaufende Buchstaben dargestellt so daß man sie unschwer niederschreiben kann. Bei einigen Anlagen gibt es sogar die Möglichkeit, sogenannte Streifenschreiber mit einzuschalten bei denen dann das Aufgenommene wie ein geschriebener Telegrammstreifen alter Art aussieht.
Natürlich kann man sich mit einem solchen Gerät auf großer Fahrt auch auf 9.297,6 KHz (oder 9,2976 MHz) um 16.18 MGZ mit den neuesten Nachrichten aus aller Welt schriftlich versorgen lassen.
Ganz billig ist so ein Morsedecoder allerdings nicht. Man muß rund dreieinhalbtausend Mark hinblättern, aber insbesondere für Leute, die fern von unseren regelmäßigen deutschen Wetterberichten segeln oder fahren, ist so ein Gerät sicher ganz zweckmäßig, und sein Preis liegt ja immer nur bei der Hälfte jenes eines automatischen Wetterkartenschreibers.

Abb. 49 Morsedecoder Nauticon, Hamburg.

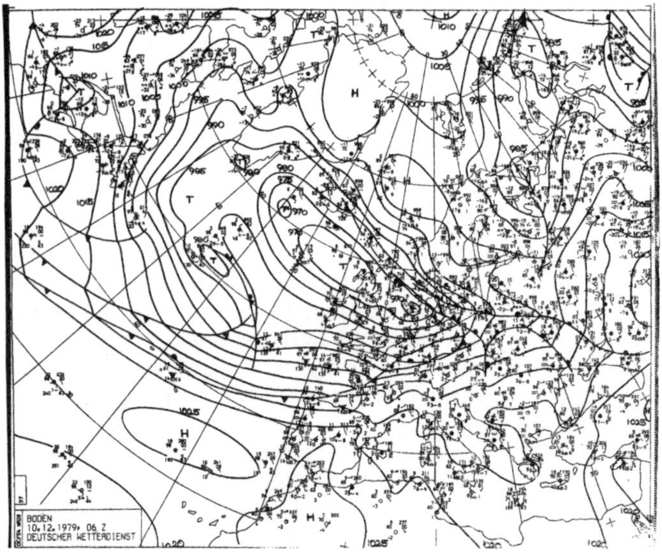

Abb. 50 Bodenwetterkarte des Deutschen Wetterdienstes vom 10. 12. 1979, aufgezeichnet mit einem Nagrafax-Wetterkartenschreiber der Firma Kudelski (Vertrieb in Deutschland Debeg). Der Nagrafax ist derzeit wohl das kleinste Gerät dieser Art. Ein ähnliches, jedoch etwas größeres stellt die Firma Koden her (Vertrieb Elna, Hamburg).

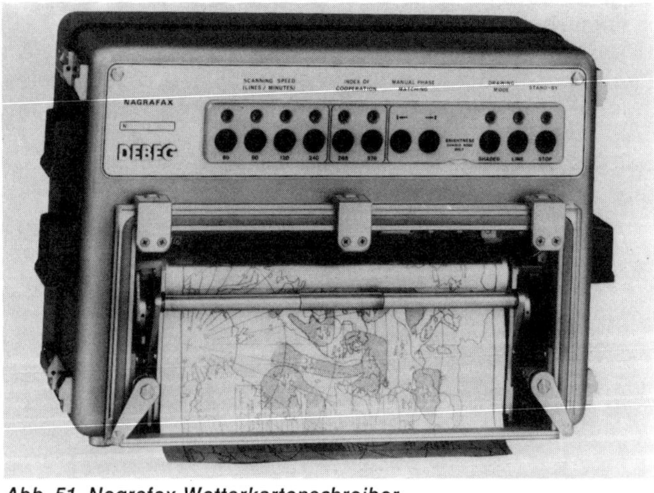

Abb. 51 Nagrafax-Wetterkartenschreiber.

** siehe auch Anhang*

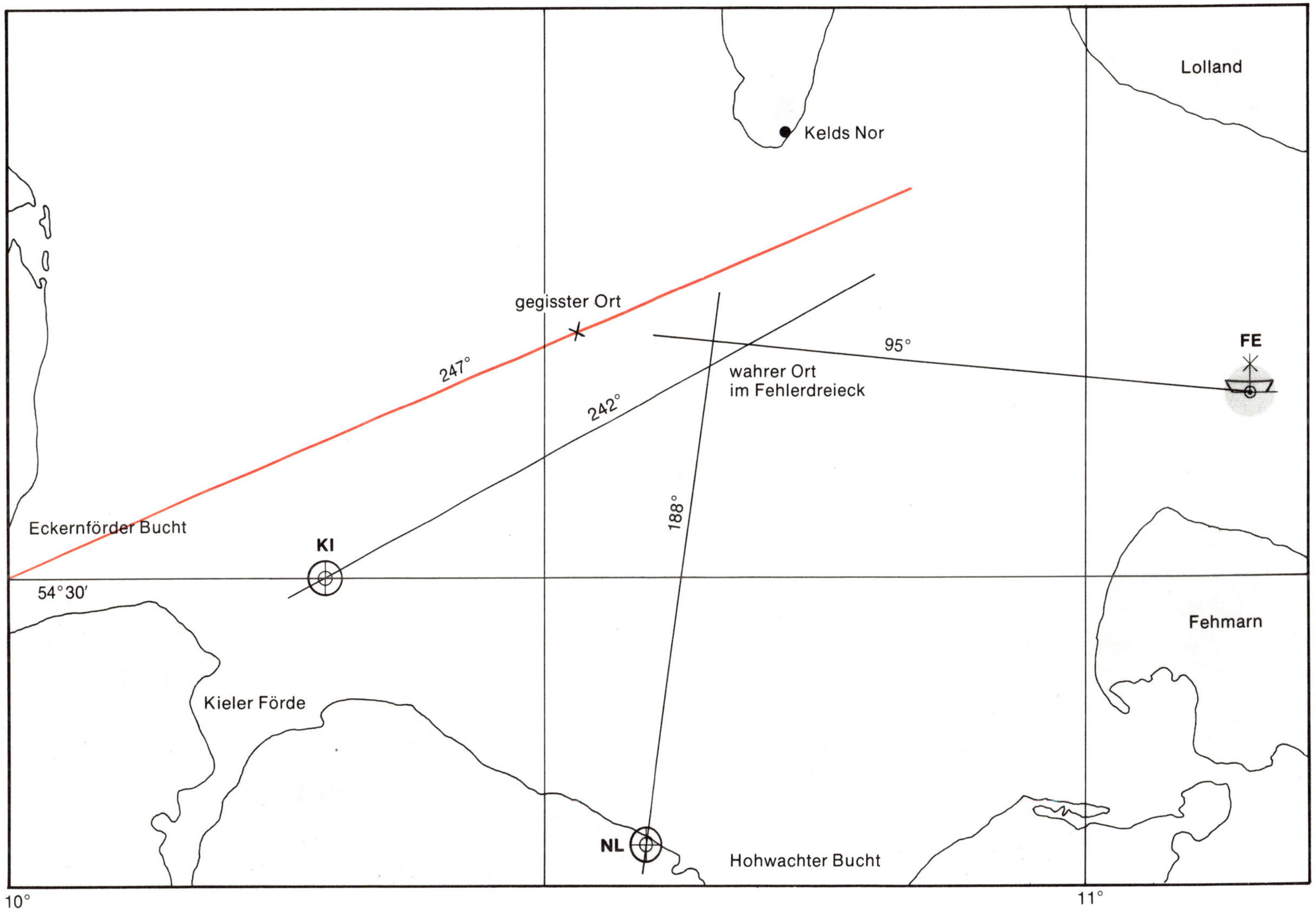

Abb. 49
Beispiel einer Funkortung durch Peilen dreier Sender auf einer Frequenz.